U0172626

人类与酒
的那些事儿

古 今／著

天津出版传媒集团

天津人民出版社

图书在版编目(CIP)数据

人类与酒的那些事儿 / 古今著. -- 天津：天津人
民出版社, 2020.10
ISBN 978-7-201-16451-9

Ⅰ. ①人… Ⅱ. ①古… Ⅲ. ①酒文化-世界 Ⅳ.
①TS971.22

中国版本图书馆 CIP 数据核字(2020)第 181458 号

人类与酒的那些事儿
RENLEI YU JIU DE NAXIE SHI'ER

出　　版	天津人民出版社
出 版 人	刘　庆
地　　址	天津市和平区西康路 35 号康岳大厦
邮政编码	300051
邮购电话	(022)23332469
电子信箱	reader@tjrmcbs.com

责任编辑	吴　丹
装帧设计	汤　磊

印　　刷	天津海顺印业包装有限公司分公司
经　　销	新华书店
开　　本	880 毫米×1230 毫米　1/32
印　　张	6
插　　页	2
字　　数	114 千字
版次印次	2020 年 10 月第 1 版　2020 年 10 月第 1 次印刷
定　　价	68.00 元

前　言
酒里乾坤大

宇宙生水，自然造酒。

酒比人类文明还要古老。人类还没进化之前，靠着大自然的作用，已有成熟落地的果实被酵化成酒，布施给地上的猴猿和亿万生灵。我们的祖先通过对酒的适应获取了身体上的优势，有了智慧，有了情愫。从此，酒便伴随着文明的进化，一刻也不曾离开。

对酒的爱好，早在几百万年前，古人类的基因中便已注定。

酒是人类的最古老的饮料，人生来就与酒有缘。

酒不仅对人类自身的生理，还对历史、文学、艺术、绘画、宗教、民俗、科技、军事等都产生了巨大的影响。

酒是人类诞生以来最为密切的饮品，世界上几乎所有的民族都有饮酒的故事。祭祀祈祷、生老病死、悲欣交集……人类自有精神意识以来，就用物质的胃和精神的大脑，书写着与酒的那些事儿。

诗人北岛在《饮酒记》中写道："酒文化因种族而异，一个中国隐士和一个法国贵族对酒的看法会完全不同。当酒溶入血液,阳光土壤、果实统统转换成文化密码。"

它是一种物质存在,更是一种文化象征。

它是一个变化多端的精灵,炽热似火,冷酷像冰;它缠绵如梦,柔软如绵,锋利似钢;它无所不在,力大无穷;它能叫人超脱旷达,才华横溢;它能叫人忘却痛苦、忧愁和烦恼,到绝对自由的时空中尽情翱翔;它也能叫人肆行无忌,沉沦到无底的深渊。

本书不是从科技史的角度,深入研究酒的发展演变,而是探讨饮酒行为,研究酒的文明,向读者讲述酒的妙趣,阐释酒是如何参与了人类的身体,塑造了人类的文明。

酒里乾坤大,壶中日月长。

关于酒的故事不可胜数,如果想要完整描述,或许需要编出一本数万页的百科全书。

作为一名在酒业工作几十年的写作者,我更喜欢选取最有意思的片段来为读者增添乐趣,为饮者创造谈资。像苏舜钦一样饮酒读书,是我最大的期望。

目　录

第一章
天降琼浆

不分贫富,一体的造福,这是上天创造酒的乐趣。

——[古希腊]尤里披蒂斯

动物醉酒

在著名的喜剧电影《爱与死》中,伍迪·艾伦饰演的鲍里斯这样描述自然界:"大鱼吃小鱼,动物吃植物,动物吃动物……我们看到的景象就是一个巨大的露天餐馆!"

动物们可以选择居住地生物圈中的任何生物为食,随着自然环境的变化,这种生物圈"自助餐"发生的场景也在不断变化。

对于原始人而言,当气候变得干燥,森林被草原代替,草根和块茎就会取代水果与树叶,身体结构也会因之发生变化。不同的食

物选择，不仅展示了物种在生物圈中所处的位置，而且深刻影响了物种的进化。

酒一直存在于自然界之中。在大约 40 亿年之前，当生命开始出现的时候，单细胞微生物啜饮着单糖分子，分泌出乙醇与二氧化碳。从本质上来说，它们排放的就是酒。

斗转星移，随着生命的不断进化，我们有了树木与水果。坠落在地上的水果，如果任其腐烂的话，最终它们会自然发酵。发酵能够产生酒精与糖，果蝇是第一个不请自来的"瘾君子"。据美国科技生活类杂志《大众科学》(Popular Science)披露，常见的果蝇(黑腹果蝇)已经逐渐适应并能消化食物中所含的酒精。果蝇的幼虫很擅长自我保护，通过消化大量的高浓度酒精，果蝇能够有效地抵御寄生蜂的侵袭。对于没有抗体的寄生蜂来说，果蝇幼虫体内的高浓度酒精很容易置其于死地。

不仅如此，果蝇还很注重对下一代的保护。为了防止卵被寄生蜂感染，它们通常将产卵的地点选在含有酒精的食物周围。

研究人员将两组成年的雌性果蝇，分别置入两个笼子里——一个笼子装着寄生蜂而另一个笼子则很安全。事实证明，被放在装有寄生蜂笼子里的果蝇，90%会选择在放有酒精的培养皿内产卵。而在另一个笼子里，则只有 40%的果蝇出于本能将卵产在了具有高浓度酒精的培养皿内，即使在实验室长大的它们从来没有遇上过寄生蜂。用酒精抵御寄生虫是蝇类的天性，即使寄生蜂不在附近，它们也会在天性的驱使下寻找酒精。"酒精在自然界的医用历史或许会比我们所认识到的要复杂的多。"该文作者施伦克说道。

饮酒的猩猩

蚂蚁中有一种褐蚂蚁,嗜酒如命。它们把隐翅虫养在蚁穴里,待如上宾。因为隐翅虫肚子两侧的第一节上,有一种黄色的绒毛,绒毛下有皮脂腺和脂肪体。褐蚂蚁只要拨一下隐翅虫的绒毛,隐翅虫便会分泌出一种化学成分与乙醇很相似的芳香液体。褐蚂蚁喝到这种专供"酒",会感到麻醉、舒服。如果褐蚂蚁遭遇到劫巢之灾,它们必定首先保护隐翅虫的幼虫,而不顾自己的子孙。

有位名叫艾伦·约翰逊的人,把4千克半劣酒和酒糟倒在草地上,竟吸引了数百只鸟来。它们把酒糟里的麦、土豆及葡萄吞吃了许多,最后醉得昏昏欲睡,满地乱躺。主人为防野猫来抓吃,把醉鸟集中关在笼内,等它们醒后才放走。

蝴蝶中也有"酒鬼"。当成熟的果子落到地面上,它们会慢慢发酵产生酒味,那些好酒的蝴蝶便远道寻味而来。因此,捕蝶人就带

了浸过酒的布条，将它们挂在树枝上，引得树林里的蝴蝶翩翩飞来，聚集在酒布上过瘾，捕蝶人就有了一个大丰收。

在印度尼西亚苏门答腊的亚齐地区和我国江南的一些地方，春耕之前，农民们都要给即将下水田的水牛喝酒，因为喝了酒的水牛耕作起来劲头十足，而且听从使唤。

1985 年，印度曾经发生这样一件匪夷所思的事故：一群大象闯进了一家酒厂，酿成大祸。上百头大象喝醉了，开始横冲直撞，掀翻了 7 间厂房，踩死了 5 个人。除了偶然事件，研究人员曾经在野生动物园里给大象提供啤酒，同样引起了骚动。①

非洲有一种著名的"大象酒"，主要的原料是马鲁拉果。马鲁拉果成熟后会自然发酵，产生大量的酒精，而且味道会比原本的果实要好吃得多，以大象为代表的动物都会去专门找这些果实吃。

风靡非洲的大象酒 AMARULA

---

① ［英］马克·福赛思：《醉酒简史》，中信出版集团 2019 年版，第 10 页。

人们还发现,山羊、绵羊、猴子、鹦鹉、蜜蜂、老鼠等动物也都有嗜酒的习性,非常喜欢吃一些含有酒精的食物。

非洲东部的土著人在捕捉狒狒时,非常喜欢使用啤酒作为诱饵。一位德国的生物学家曾经看到过醉酒的狒狒,并记录下它们奇特的行为。这些狒狒饮酒后表现得非常兴奋,脾气暴躁,双手托着头痛欲裂的脑袋东倒西歪,就像宿醉的人类。

这些故事听起来可能荒诞不经,但人类醉酒与动物醉酒之间的关联很早便被生物学家所关注。早年的达尔文研究了动物醉酒的案例后表示,如果人与猿猴对醉酒的反应相同,那么两者之间一定存在某种联系。

猿人的发现

一切哺乳动物都有强烈的好奇天性,对于灵长类动物来说尤为重要。①

在形形色色的马戏团中,老虎、狮子、大象、狗熊、狗、猫……哺乳动物是观众常见的对象,最为耀眼的明星则是猴子与猩猩。它们的行为与智力最接近人类所说的智慧生命。相比于有固定生存模式的动物而言,灵长类动物的专长就是学习和适应。如果桉树林消失,考拉就会灭绝;如果湿地消失,鹳鸟就要减少。但如果没有浆果

---

① 〔英〕德斯蒙德·莫利斯:《裸猿》,复旦大学出版社 2010 年版,第 135 页。

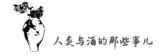

和树叶,猴子还可以吃根茎与嫩苗,如果没有这些,它甚至还会食用腐肉与昆虫。

我们的祖先人属是灵长类动物中最富有好奇天性的一支,他们的起源至今是一个谜,粗略来说经历了4次大的转变。1000多万年前,大猩猩、黑猩猩和人类的祖先共同生活在非洲。400多万年前,我们的祖先已经习惯直立行走,解放了前肢,这是第一次转变。300多万年前,考古学意义上的南方古猿出现,他们能够啃食粗糙的食物,善于长途跋涉,不再依赖繁茂的森林,这是第二次转变。250万年前,随着气候变化,食物变得稀少时,南方古猿演变为直立人,会使用和制造工具,也是最早的狩猎采集者,这是第三次转变。从100多万年前的冰河时代开始,直立人开始向温带栖息地迁徙,分别演化为尼安德特人、海德堡人和现代人类。大约4万年前,现代人类击败和融解了原本在自然选择下独立发展的其他人属,成为了唯一的继承者,这是第四次转变。

在这1000多万的漫长旅程中,酒也一直陪伴着我们的祖先。实际上我们摄入酒精的历史要比酿出第一瓶酒早了900多万年。今天的你可能很难想象,1000万年前的猿猴就有"喝酒"的习惯了。不过今天的有些人可能会嗜酒如命,远古猿猴喝酒则是为了保命。

许多历史资料也记载了猿猴饮酒的故事。唐代的张鷟在《朝野佥载》中记载:"安南武平县封溪中,有猩猩焉。如美人,解人语,知往事。以嗜酒故,以屐得之。槛百数同牢。欲食之,众自推肥者相送,流涕而别。时饷封溪令,以帕盖之。令问何物,猩猩乃笼中语曰:'唯有仆并酒一壶耳。'"①可见猩猩之爱酒,到了何等的地步。

唐代李肇的《国史补》中也有过类似的记载:"猩猩好酒与屐。人欲取者,置二物以诱之。猩猩始见,必大詈云:'诱我也。'乃绝走而去之。去而复至。稍稍相劝,顷尽醉。其足皆绊。"意思是猩猩喜欢喝酒,爱穿木鞋。人想要捉它的时候,就把这两样东西放在一起引诱它。可见,古人已发现了猩猩嗜酒的行为,并且以此来诱捕猩猩。

明代李日华在《紫桃轩杂缀·蓬栊夜话》中曾有记载:"黄山多猿猱,春夏采杂花果于石洼中,酝酿成酒,香气溢发,闻数百步。"

清代李调元在其著作《粤东笔记》中提到:"琼州多猿,尝于石岩深处得猿酒,盖猿以稻米杂百花所造,一石六辄有五六升许。味最辣,然极难得。"②清代陆祚蕃在《粤西偶记》中也曾有过类似的描述:"广东西部平乐等府山中,猿猴极多,善采百花酿酒。樵子入山得其巢穴,其酒多至数石,饮之香美异常,曰猿酒。"③

1400 万年前发生了一次惨绝"猴寰"的生态灾难。中新世中期南极冰盖形成,全球气温断崖式下滑。东非剧烈的板块运动使得此前连绵的森林被割开了,大片草地代替了猴子们赖以生存的原始森林。要在这场生存竞争中活下去,猿猴当然不能坐以待毙。

美国圣菲学院的生物遗传学家马修·A.卡里根(Matthew A. Carrigan)教授发现这个阶段猿猴基因突变,代谢酒精的能力突然提升

① (唐)张鷟撰,袁宪校注:《朝野金载》,三秦出版社 2004 年版,第 176 页。
② 徐兴海编:《中国酒文化概论》,中国轻工业出版社 2010 年版,年第 22 页。
③ 蒋雁峰编:《中国酒文化》,中南大学出版社 2013 年版,第 5 页。

了。这是为什么呢？

能够反映酒精代谢能力的是动物体内一种 ADH4（乙醇脱氢酶4）的消化酶。远古动物的食物大多是果实，而 ADH4 主要负责处理新鲜果子与树叶自带的香叶醇，以及果子熟烂后产生的乙醇。乙醇来自过了最佳成熟期的果子，野生酵母会将烂果子中的糖分转化为二氧化碳和乙醇。科学家们收集了 28 种哺乳动物的 ADH4 序列，其中包括 17 组早期的灵长类动物。他们通过跟踪 ADH4 的演化轨迹，为我们揭示了猿猴酒精代谢能力大爆发的原因。

实验发现，从生活在 1300 万—2100 万年前的灵长类始祖身上，我们几乎看不到 ADH4 对酒精的丝毫反应，但是它对香叶醇以及其他长链醇保持着很高的消化水平。随着时间推移至 1000

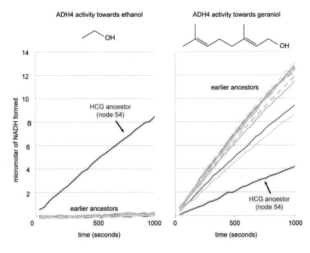

1000 万年前人类祖先（红线）与更早期祖先（其他）对不同醇类的代谢能力对比

万年前,大猩猩、黑猩猩、倭黑猩猩以及人类共同始祖的 ADH4 基因发生了显著的变化:对香叶醇的反应下降了,对酒精的代谢能力增长了近 40 倍之多,越来越靠近现代人类的水平。

ADH4 对香叶醇和酒精的代谢能力此消彼长,说明猿猴的饮食结构和生活习惯经历了一次重大调整。我们的祖先原来也是挑食者,喜欢用树上的新鲜果子把自己的肚子装满,非常嫌弃地上的烂果子。但在剧变的环境下,没有那么多果树了,变冷的天气也使水果单产不容乐观,所以他们不得不把烂果子也纳入食谱。

能够迅速消化乙醇意味着更多的食物选择与能量来源,也意味着一种生态位的扩张。当地上的烂果子被利用起来,猿猴的食物来源扩大了。酒精独有的气味也提供了有效的长距离感官线索,它们可以循着这种气味来确认水果和花蜜的方位。酒精为我们的祖先提供了宝贵的、赋予生命的卡路里。对他们来说,发酵的气味很容易让他们知道食物什么时候热量最高。另外,酒精本身就富含热量,还是最好的开胃药,有助消化,福泽着我们的祖先。在那个食物匮乏的时期,每摄入一口富含酒精的食物,大脑就会产生反馈,感到更加饥饿,刺激他们吃得更多,并把宝贵的热量生成脂肪储存起来。

今天的人很多时候都在为肥胖而担忧,但从我们的祖先开始,善于生成脂肪却是他们的进化优势。对于祖先而言,作为原始的狩猎采集者,他们最为依赖的技能就是远足与耐久跑。一头狮子在烈日下能够以 60 千米的时速跑上 3～4 分钟,如果再久一点,就要因体温过热而倒下;人类却能在烈日之下以每小时17千米的速度跑上2~3个小时,不吃不喝也能走上一整天。通过持久的追逐,人类可以杀死斑马、麋鹿等速度远胜于人的猎物。这种方法直到今天仍然被非洲的一些狩猎采集者应用。远足需要能量,脂肪是最有效的能量储存方式,人类比其他灵长类动物都能储存脂肪。我们中最瘦的人,比起其他野生灵长类动物也要,我们的婴儿比起其他灵长类动物的幼崽也要更肥。

以新生动物幼体为例,猴子幼崽的身体只含有3%的脂肪,人类婴儿却含有15%。事实上,孕期的最后3个月就是要让婴儿胖起来,在这3个月中,婴儿的脑部重量增加了两倍,脂肪储存增加了100倍!没有脂肪,我们就不会进化出发达的脑部与健硕的身体。只有能够吃胖,才能适应艰苦的生存环境,才能走到更远的地方,才能繁衍生息。①

近代考古发掘进一步证实了"猿人好酒"这一事实。在许多发现猿人化石的地方都有"酒"的存在。1953年,考古学家在江苏等地发现了一些猿人化石,经鉴定这些猿人属于晚期智人。经过考古学家的鉴定,这些猿人曾经接触过富含酒精的食物,于是这些化石也被命名为"醉猿化石"。

酒精使得我们的祖先能够吃胖,从而获得进化优势,从此与猿

---

① [美]丹尼尔·利伯曼:《人体的故事——进化、健康与疾病》,浙江人民出版社2017年版,121页。

猴分道扬镳。直到今天,我们的肝脏中 10%的酶就是专门用来把酒精转化成能量的,这正是酒促进生理进化的遗迹。在漫长的进化过程中,或许正是这 ADH4 上一个小小 DNA 的突变,使祖先获得了更强的酒精代谢能力,帮助人类逃过了中新世的物种灭绝,在 1000 万年后开出了灿烂的文明之花。

身体的改变

酒,放着是凉的,喝下是热的。水的形状,火的性格,人体适应了酒,酒也改变了人体。从现代医学研究成果来看,酒对于人的消化系统、心脑血管系统、神经系统与免疫系统都有深刻的影响。

最近的研究表明,适量饮酒具有降低患冠心病、高血压、动脉粥样硬化等心血管系统疾病的危险,提高心脏功能,延长寿命的作用。适量饮酒者心肌梗死和冠心病的发病率比戒酒者要低 20%~50%;男性每天适量饮酒可以降低 56%的心绞痛和 47%的心梗死的危险性。酒精与心血管疾病之间的这种"U"形关系会受到年龄、性别、身体状况及地理环境等的影响而出现一些差异,但适度饮酒对心血管系统的保护作用却是普遍存在的。

酒精有升高血液中高密度脂蛋白(HDL)和降低低密度脂蛋白(LDL)的作用。HDL 可清除动脉管壁上的胆固醇,将细胞内的胆固醇转运到肝脏进行分解,从而可预防动脉粥样硬化。有研究表明,每天摄入 30g 酒精,可使血液中 HDL 的水平升高 4mg/dl,升高的

HDL 可降低患冠心病的风险 17%。[1]在对绝经前妇女进行控制饮食时,科学家发现饮酒 3 个月后,她们血液中低密度脂蛋白胆固醇下降 8%,高密度脂蛋白胆固醇则升高 10%。[2]

酒精对血纤维蛋白原水平、血纤维蛋白溶酶原的激活及血纤维蛋白溶酶原的抑制因子都可产生一定的作用。酒精可降低血纤维蛋白原的浓度,防止血液凝结及抗血栓的形成。每天饮用 30g 酒精可降低血纤维蛋白原 5mg/100ml,并相应降低冠心病风险性 12.5%。适量饮酒对心血管的保护作用有 20%是由于酒精降低了血纤维蛋白原。血纤维蛋白溶酶原的激活因子(t–PA)和血纤维蛋白溶酶原的抑制因子(PAI–1)也参与了止血过程。激活因子是通过降解血纤维蛋白凝块而防止血栓的形成,(PAI–1)的作用是抑制(t–PA)的活性,促进血栓的形成。酒精可以影响血液中(t–PA)和(PAI–1)的水平及活性。每周饮用 30~98g 酒精的酒,可以降低血纤维蛋白原的水平、血浆的浓度和其他凝血因子的水平。[3]

适度饮酒可影响血管平滑肌细胞的增殖、迁移及其功能。平滑肌细胞的主要功能是参与调节血管孔径。当适当浓度的酒精作用于平滑肌细胞后,可以抑制这种表型转变和新生内膜的形成。在血

[1] Hines, L. and E. Rimm, *Moderate Alcohol Consumption and Coronary Heart Disease: A Review.* Postgraduate Medical Journal, 2001. 77(914): pp. 747–752.

[2] de Lorimier, A.A., *Alcohol, wine, and health.* The American Journal of Surgery, 2000. 180(5): pp. 357–361.

[3] Mukamal, K.J., et al., *Alcohol Consumption and Hemostatic Factors Analysis of the Framingham Offspring Cohort.* Circulation, 2001. 104(12): pp. 1367–1373.

流量减少或者结扎损伤的小鼠模型中，每天适度饮酒可以抑制颈动脉内膜增厚。[①]

内分泌实验表明，适量饮酒 60ml 后，体内胰岛素含量明显增加，酒精还可促进胰液素的大量分泌，胰液素又能刺激与人体消化相关的酶分泌，从而增强胃肠道对食物的消化和吸收。

研究发现，适度饮酒者与从不饮酒者相比，前者消化性溃疡的发生概率较低。适度饮酒者感染幽门螺杆菌的概率是戒酒者的 1/3。[②]酒精具有杀菌的作用，可抑制肠杆菌、沙门氏菌及幽门螺杆菌的感染，降低结肠直肠癌和胃癌的发病率。

研究表明，适度的酒精刺激可使胃黏膜细胞更新加快，对胃黏膜具有适应性细胞保护作用。[③]在探讨慢性酒精刺激对大鼠胃黏膜细胞更新的影响及其在适应性细胞保护作用中的意义时，用 6% 的酒精作为大鼠饮水的唯一来源，分别在大鼠饮酒的不同时程内采用胃内灌注 100% 酒精的方法，观察大鼠胃黏膜的损伤情况。结果发现 100% 酒精灌胃后大鼠胃黏膜的损伤情况与对照组相比，饮酒后 1 天的大鼠胃黏膜改变无显著性差异，饮酒后 3~14 天大鼠的胃

① 王煜姝等:《乙醇对血管的影响及相关作用机制研究进展》,《中华脑科疾病与康复杂志》(电子版)2014 年第 4 期。

② Brenner, H., et al., *Alcohol as a Gastric Disinfectant? The Complex Relationship between Alcohol Consumption and Current Helicobacter Pylori Infection. Epidemiology*, 2001. 12(2): pp. 209-214.

③ 李卫星等:《慢性饮酒大鼠胃粘膜的适应性细胞保护作用》,《南京医科大学学报:自然科学版》2002 年第 22 期。

黏膜损伤有显著性降低的趋势,饮酒后 28 天的大鼠又无显著性差异。饮酒 3~14 天的大鼠胃黏膜细胞的增殖和凋亡同步增加,表明在此时期内胃黏膜细胞更新能力增强。[1]研究者发现适量的酒精可以诱导胃黏膜细胞内热休克蛋白 70(HSP70)的表达,并在大鼠胃黏膜的适应细胞保护机制中起到重要作用。HSP70 是热体克蛋白家族中的主要成员之一,可以作为分子伴侣帮助新合成蛋白质的成熟和转运,修复和清除损伤的蛋白,表达增加的 HSP70 可以调控胃黏膜干细胞的增殖与分化。此外,HSP70 还可以提高细胞内超氧化物歧化酶及过氧化氢酶活性,降低酒精引起的过氧化反应损伤。[2]

在 2020 年爆发的新冠肺炎疫情中,饮酒防疫成为社会热点。事实上,早在唐代,"药王"孙思邈就在《千金方》中有"一人饮,一家无疫;一家饮,一里无疫"的看法。此外,《神农本草经》《金匮要略》《齐民要术》《太平圣惠方》《圣济总录》等均将酒作为重要药方。历史上,缺乏医用酒精时,高度白酒也常被用来杀毒。

适度饮酒可以刺激中枢神经系统,使人精神振奋,缓和忧虑和紧张心理,还可以降低老年人患老年痴呆症的风险。[3]

---

[1] 杜军等:《长期摄入低浓度酒精对大鼠胃黏膜热休克蛋白表达的影响》,《南京医科大学学报:自然科学版》2002 年第 22 期。

[2] Uehigashi, Y., K. Yakabi and T. Nakamura, *Pretreatment with Mild Irritant Enhances Prostaglandin E2 Release from Isolated Canine Gastric Mucosal Mast Cells. Digestive Diseases and Sciences*, 1999. 44(7):p. 1384–1389.

[3] Eckardt, M.J., et al., *Effects of Moderate Alcohol Consumption on the Central Nervous System. Alcoholism:Clinical and Experimental Research*, 1998. 22(5):p. 998–1040.

与从不喝酒的老年人相比,少量或适度饮酒的老年人智力衰退的幅度要小。少量或适度饮酒有助于保持老年人的认知能力,并可降低老年饮酒者发生阿尔茨海默病和其他类型痴呆症的危险性。

适度饮酒在一定程度上还具有提高性兴趣、消除性恐惧、增强性能力等方面的作用,激发人们的性幻想和性需求,刺激男女生殖器官的发育,提高性生活的能力和质量。对于女性来说,适度饮酒除了可消除其对性的恐惧羞怯感外,还能够提高女性体内睾酮的水平,从而激发性冲动,增强性乐趣。

医学研究表明,饮酒量与人体健康之间存在着"U"形或"J"形曲线的关系,适量饮酒者的死亡率是"U"字形的底部,不饮酒者和酗酒者是"U"字形的两侧,即少量至适量饮酒时,酒精对人体健康有益;大量饮酒则对健康有害。英国伦敦大学通过一项健康调查得出一个有趣而惊人的结论:不喝酒者和酗酒者有一样高的死亡率,而经常适量饮酒者却能延年益寿,并能降低心脏病的发病风险。

这是一个辩证的关系。饮酒适度,对人体各主要系统都会产生有益的影响,会增强人体的抵抗力。如果饮酒过量,造成了酒精中毒,那会反过来损害人类的肌体,不利于身体健康。现代医学的研究结果与我国古代中医关于适度饮酒的结论是一致的。

从猿人好酒的传说开始,饮酒便成为原始人类活动的一项重要内容,对酒的共同喜爱,使酒成为人们交往的焦点,从寻酒、储酒、饮酒到酿酒,大家开始了合作和交流。随着社会分工越来越明确,人类的交往越来越多,酒便成为社会交往的重要媒介。酒不仅

满足了人类的物质需求,而且逐渐成为了文化的一部分。对先人的祭祀,对神明的膜拜,对亡灵的超度等,都要用到酒,人类将酒作为一种表达文化、情感、礼仪的精神依托,这是早期酒文化的雏形。

酒的酿造实践是人类劳动的一部分,它促使人们开始使用和发明一定的酿酒工艺和储酒工具,考古挖掘出的大量陶制酒器反映了在新石器时代人类的智慧已经达到相当高的水平。劳动创造了人,酒在人类的进化中又发挥了重要的媒介作用。

去毛成人

说到毛发,化石帮不了我们的忙。

为什么人类会在进化过程中褪去毛发?一个多世纪以来,科学家们围绕"去毛"问题展开了热烈的讨论,出现了一系列形形色色的假说。

第一种是性择说(sexual selection hypothesis)。达尔文在1871年发表了《人类起源与性的选择》一书,用性选择来解释人类体毛的丧失。他认为人类和鸟类及其他动物一样,雌性选择最有吸引力的雄性为配偶,在一定程度上雄性也同样选择雌性。他设想人类体毛的丧失对人类没有直接的利益,特别是在炎热阳光的烤灼下,或是在潮湿的寒冷气候中,体毛的丧失都是不利的,甚至是有害的,因而他认为体毛的丧失不是自然选择的作用,而是性选择的作用。

达尔文还进一步提出论证,说几种猴子的面部和其他一些种类的身体后部都有无毛的区域,肯定与性选择有关,不仅有鲜艳的颜色,而且有时同一种类的两性中互不相同,雄性或雌性的更为鲜艳,如雄性的山魈比雌性的鲜艳,特别是在交配季节更为明显。这些部分缺少体毛显然是为了使皮肤的颜色能更充分地显示出来。达尔文认为早期的人类也是由于同样的理由而体毛稀少的。

第二种是水生说(aquatic hypothesis)。1960 年,英国的海洋生物学家哈迪(Hardy)提出,在晚中新世或早上新世,生活在非洲海岸的一群古猿由于严重的干旱而被隔离,为了躲避猛兽和寻找食物,进入水中。这种剧烈的改变产生了强大的进化压力,在一个相对短暂的时期内,完成了从猿到人的形态上的改变,以后再上陆发展成现代人。为了适应水中生活,体毛脱落了,有了皮下脂肪以保存体内的热量,人类残存体毛的排列是流线型的,人体也比其他灵长类更呈流线型,这都与下水有关。

第三种是衣着说(vestiary hypothesis)。人类由于穿着衣服而少毛的论点是过去许多人所设想的,1985 年库什伦(Kushlan)又特别提出了衣着假说。他认为人类体毛的减少是从人类能够利用人工的绝缘物时开始的,体毛的稀少有利于热量的发散,但不利于体热的保存。为了保存身体的热量便必须有衣着,宽松的衣着既可起到体毛的隔热作用,又使空气能在皮肤表面流动而散热。因而衣着能使人既能适应热的环境,又能适应冷的环境;既能适应白天的剧烈活动,又能适应于夜晚的静止安息,特别是在寒冷的气候里。他认为早期人类就有衣着,有了制作衣物的智慧和能力,毛发自然而然逐渐褪去。

英国人类学家德斯蒙德·莫利斯曾经在《裸猿》一书中指出，体毛脱落是幼态持续机制的重要部分，人类成年后依然会保持幼年的一些生理体征。如果我们考察新生的黑猩猩幼崽，就会发现它满头黑发而全身赤裸，假如延续到成年期而不长毛，就和我们的裸体非常相似。①

原始人类的洞穴绘画

我想这个问题的奥秘还可能与饮酒、与远古的地理环境有关，就把这个观点暂且总结为"饮食说"。在 200 多万年前，我们的祖先生活在广袤的非洲草原。由于嗜好饮酒，通过乙醇的气味来寻找食物，他们进化出了善于储存脂肪的特质，只有这样才能适应长途跋涉的狩猎采集。不同于取之不尽的原始森林，草原上的食物相对较

①［英］德斯蒙德·莫利斯：《裸猿》，复旦大学出版社 2010 年版，第 48 页。

为单调,除了肉类,主要是含有乙醇的糖分和淀粉类物质。这也是为什么直到今天人类都有这种祖传的"嗜甜癖"。因为甜代表着高热量,代表着生存的希望。石器时代人们以胖为美,创造了许多丰乳肥臀的雕像,也是出于同样的动机。而毛发生长急需的微量元素和酪氨酸因偏食所以摄入量减小,因此影响了毛囊的营养供应,造成毛囊萎缩,脱毛开始。

脂肪还会带来旺盛的新陈代谢,分泌皮脂与汗液,当它们和灰尘混为一体时,会牢牢地在头皮上形成一层屏障,从而影响了毛囊的血液供应,阻碍了毛发的正常生长,使毛发逐渐脱落,最后造成"裸体"。家养的牲畜脂肪富集之后会褪毛,人类肥胖会脱发,这其中的逻辑是相通的。

除了个别身体部位的毛发为了散热而保留之外,其他脂肪生成区域的毛发基本退化,演化为汗腺。这种牺牲对我们的祖先而言是一种优势,进一步解放了四肢,增强了环境适应能力。帮助他们成为这个世界上唯一的全天候捕食者,能够忍受高温下的远足,站起来征服世界。

中国的汉字中有一个"亳"字,这个汉字早在甲骨文中就已多次出现。东汉许慎《说文解字》解释"亳"云:"京兆、杜陵亭也,从高省,乇声。"甲骨文"亳"字是一个会意字,习惯上认为其上半部分乃是高台之意,类似树杈的下半部分则有许多争议。高,《说文》释"高"云:"高,崇也。象台观。"有崇拜祭拜之意,指代宗庙祭祀所在。与"亳"字相似的是"仓"和"京"字。由此可见"亳"的上半部分确有

高台的含意,而下半部分初看起来酷似甲骨文中的"屮"字,通今"草",草木的含意。还有一种说法认为下半部分乃是"乇"字,《说文解字》解云:"乇。草叶也。从垂穗上贯一下有根,象形,凡乇之属皆从乇。""乇"字本为庄稼之意。巧合的是,今天的亳州产生了中华民族最古老的小麦化石。总的来说,无论是下半部分取"屮"抑或"乇"意,均与国都社稷有关。结合甲骨文卜辞来看,"亳"字又往往与祖先、祭祀相关联,商人把"亳"作为城市、都城的代名词。很多人往往把"亳"误读作"毫","毫"比"亳"多了一笔。从亳毛到建亳,褪去毛发,学会种植,建立城市,可谓拔一毛而"宅"天下,这不正是人类从蛮荒走向文明的妙喻吗?

第二章

走出伊甸园

酒的存在,证明了上帝还是爱人的,并愿意让人幸福。

——[美]本杰明·富兰克林

农业是个"错误"

人往高处走,水往低处流。几乎所有历史教科书中,都会谈起石器时代的艰辛。石器时代的祖先技术落后,没有定居,没有剩余,每日为了寻求食物而奔波,这算哪门子生活?

这种成见早在经济学萌芽的时代就已经产生,亚当·斯密举起了自由经济大旗,推崇资本主义的巨大效益,石器时代则被当作反面教材。然而当人类学兴起以后,许多学者通过对大洋洲、非洲和美洲残存的狩猎采集者的深入调查发现,石器时代的物质生活实际上并不匮乏,每个人的物质需求都能轻易得到满足,除了寻求食物,还有充足的闲暇。著名的人类学家马歇尔·萨林斯把这种状态称之为"原初丰裕社会"。①

一个众所周知的西方寓言讲到:

> 一个在海滩度假的富翁看见一个贫穷的渔夫也悠闲地晒着太阳,感到不可思议,忍不住问他:"你为什么不去工作呢?"
>
> 渔夫答:"我今天已工作过了,打上来的鱼已够我一天所用。"
>
> 富翁遗憾地说:"那你可以多打一些鱼,多赚点钱啊。"
>
> "要那么多钱干什么?"
>
> "可以买更多的船,打更多的鱼,……然后可以有自己的船队,然后建立远洋航运公司……最后当上百万富翁。"
>
> "当了百万富翁又怎么样呢?"
>
> "那时你就可以什么事都不用做,可以躺在海滩上晒太阳啊。"
>
> 渔夫哈哈大笑:"我现在不正在这里晒太阳吗?"

这个寓言最为形象地概括了原初丰裕社会与现代丰裕社会中两种对立的经济逻辑。现代丰裕社会是"死于食物太多的人要比死

---

① [美]马歇尔·萨林斯:《石器时代经济学》,生活·读书·新知三联书店 2019 年版,第 6 页。

于食物太少的人格外多些"，在这样的社会里，不是需求刺激生产，而是"生产创造它企图满足的欲望，生产只是填补了它本身所创造的空隙"，现代广告和推销机构也应运而生并主导消费。原初丰裕社会是为使用而生产，而不是为交换而生产；它的目标明确且有限，人类索求不多，而满足需求的方式不少。渔夫和富翁都将自己支配的闲暇看作是种自由，可是二者却是依靠不同的方式挣得和享受的。

实现丰裕有两条途径，要么生产增加，要么需求减少。对于石器时代的狩猎采集者而言，主要的需求对象便是食物。他们依赖简单的技术、民主的财富分配来生活，使用如石头、骨头、木头和毛发等周围随处可得的工具。未经破坏的自然环境则提供了数以百计的丰富食物，社会分工非常简单，所有人都能加入这种"物质繁荣"。他们也没有积累剩余的观念，当完成了日常所需后，不需要再做任何多余的工作，剩下的时间则可以用来社交与休息。看看古人有多少节日就知道了，聊天、跳舞、睡觉、找乐子是这帮子人最主要的活动。虽然他们足够勤劳，但这种低欲望的田园牧歌，摆脱了当代人劳碌琐碎的生活危机，无怪乎今天许多现存的原始部落都会被打上"散漫、懒惰"的标签。

在《失乐园》中，弥尔顿畅想了亚当、夏娃堕落之前的伊甸园，到处都有优美的风景、香甜的水果和成群的动物。当他们偷吃禁果之后，上帝宣布将把他们判为农民。《圣经》中详细记载了这个诅咒：

地必因你的缘故而受诅咒。你必终身劳苦才能从地里得到吃的。地必给你长出荆棘和蒺藜来。你也必要吃田间的蔬菜。你必汗流浃背才能糊口，直到你归了土，因为你是由土而生的。你本是尘土，仍要归于尘土。①

农业是人类犯下的一个美丽的错误。在这一点上，神学家与人类学家达成了一致。

产生农业之后，对于大多数人类而言，生活质量是走下坡路的。比起狩猎采集者，尽管农民获得了更多的食物，因此也有了更多的孩子，他们通常也不得不更加努力工作。他们的饮食品种单一，面临饥饿的频率较高，因为他们所依赖的农作物常常面临歉收

纪录片中的布希曼人

———————————

① 《圣经·创世记》。

的风险。对于布希曼人(非洲现存的狩猎采集者)而言,自然界中有上百种可以食用的东西,饥荒是无法想象的状态。而就在最近的两个世纪之中,中国、印度、乌克兰、爱尔兰等许多农业社会发生过许多骇人听闻的饥荒,数以千万计的农民因歉收而饿死。

农民的居住地人口密集,也增加了传染病的可能性。当今主要的传染病与寄生虫大多是人类生活方式转变为农业后频繁出现的。狩猎采集者的部落通常人数很少,而且经常变动营地,所以群体性疾病几乎不会发生。农业社会食物单调,人口密度大,很容易交叉传染。比起其带来的文明,痛苦和死亡的规模更让人难以释怀。

据人类学家研究,以身高为例,现代人饮食中丰富的营养帮助我们比1000年前的人要高得多。狩猎采集者的身高却也比开展农业活动后的后代要高。在冰河时代,希腊地区的男性狩猎采集者平均身高可以达到1.78米,到公元前4000年时,男性平均身高只有1.60米。狩猎采集者的牙齿与骨骼也要比后者更好。

除了生活水平的下降,农业带来的另外一个厄运便是阶级分化。一边是饱经风霜的劳苦大众,一边是健康舒适的国王贵族。只有农业社会才会塑造出如此鲜明的差别,这正是文明社会的代价。

如果说农业是一个错误,那么为什么先民要从事它呢?

我们的身体已经适应了数百万年的狩猎采集生活,从事农业之后,我们的生理产生了许多不适应。就像今天我们的身体显然没有做好迎接极大物质富足的准备,肥胖、高脂血症、癌症等接踵而至。美国人类学家利伯曼把人类因进化而造成的遗传生理结构与

现实社会的矛盾,称之为失配进化假说。[①]

从进化的角度来说,农业是距今大约 1 万年前,在东亚、中亚、西亚、北非和美洲等多个地域独立开始的。其产生首先得益于气候的变化。冰河时代结束后的全新世,气候更为温暖,极端天气较少,给了狩猎采集者充足的时间以试错的方式进行探索种植。

另一个更为重要的因素是人口压力。需求是发明之母。考古研究证明,自 1.8 万年前后开始,人类居住地的规模和数量都增加了。人口的激增,迫使先民探索更为广泛的食物来源。许多人类依赖的动物资源在此时灭绝或消失,驯化可以食用的野生植物和动物也就成为当务之急。

最后一个原因,可能还是来源于我们对酒的追求。有一个有趣的巧合,几乎所有的驯化植物都曾被先民用来酿酒,并储存在各式各样的陶器之中。陶器、美酒、粮食是那个时代共同的文明之光。

为酒而种

关于饮酒的记录,最早可能来自洛塞尔的女人雕像。

在大约 2.5 万年前,有人雕刻了一位丰乳肥臀的女人像,她看起来好像手持角状容器伸到嘴边。有人可能会说饮用的是水,但谁

---

① 〔美〕丹尼尔·利伯曼:《人体的故事——进化、健康与疾病》,浙江人民出版社 2017 年版,第 176 页。

会把喝水这种事情费尽心机雕刻在石头上呢？

洛塞尔的维纳斯

目前已知最早的人造建筑是土耳其的"哥贝克利石阵"，距今大约 1 万多年，这也是人类定居生活开始的年代。这个石阵面积很大，建筑用的石板重达 16 吨，建造这个石阵对于先民来说肯定不是一件轻松的事儿。

土耳其哥贝克利遗址

在石阵中有一些巨大的石盆,最大的容量能够达到近 200 升,石盆中有大量草酸的痕迹。把大麦和水混合在一起就能产生这种化学物质,这种混合也会自然而然发酵为啤酒。如此看来,这个石阵可能是部落聚会的地方,他们聚集在此处饮酒。

斯坦福大学的团队也在以色列海法附近、著名的纳图夫文化遗址(世界三大农业起源地之一)发现了酿酒的遗迹。结合前不久同在此文化遗址发现了面包坑的遗迹,我们可以更新一下知识点:人类酿酒的历史可以追溯到 1.17 万 ~1.37 万年间,远在真正的农业革命之前。

在一个洞穴里,研究人员还发现了研磨淀粉粒的遗迹,考虑到纳图夫人已经有了村舍、驯化动物与初级的等级制度,酿酒可能是广泛种植野生大麦的动力之一,现代大麦正来自野生大麦与一种野草的杂交,那么就是说,酿酒可能是农业出现的原因之一。

1992 年,加拿大学者海登提出了一种关于动植物驯化的竞争宴享理论。他认为,在农业被发明的初期,谷物和动物在人类的食谱中所占的比例并不是很大,人类并不是为了解决饥饿问题才发明的农业。但在发明的过程中,一些动植物的美味吸引了人类把这些驯化了的动植物进行固化,以扩大食谱,从而使得农业发展起来。

海登的这个"宴享说"为原始农业的起源和酿酒的关系做了一个非常好的理论上的说明。海登认为,在农业生产的最初时期,驯化的粮食作物与充饥并没有太大的关系,而是人们对美食的追求,增添美食的种类成为了人们发明农业的重要动力。谷物和动物的驯化，大大地改善了人类的美食结构。例如，谷物可以用于酿酒，有些植物就是纯粹的香料和调味品，葫芦科植物的驯化则用来做宴饮器皿，狗除了狩猎也是一种美食。

酿酒需求催生农业，听起来耸人听闻，其实确有不少证据可以支撑。第一，酿酒远比制作面包容易。原始人的工具非常落后，虽然有类似镰刀的收割工具，但不可能像现在这样收到足量完整的谷物，还会造成大量浪费。就算勉勉强强完成了收割，最早的谷物种类多是颖壳闭合的，不经过麻烦的处理过程就不能很好地转化成面粉。在这种条件下，性价比最高的方式其实是酿酒。科学家估计，最开始人类可能只是将谷物与水混合在一起形成某种胶状物，意外地混入了天然酵母，然后就得到了酒。一旦尝到了"甜头"，我们的祖先就愈发要好好"栽培"这些谷物。而且，相比用水果酿酒，用谷物来酿酒，也更好控制时间、更易于保存。

谷物发酵的酒营养丰富，含有更多的维生素和赖氨酸精华，对平衡人类早期糟糕透顶的饮食结构非常有效。酒中含有的酒精可以净化水源，杀死细菌。考古学家们还通过 5000 年前的陶器碎片复原了古人的工具，包括漏斗、阔口罐、小口尖底瓶和陶灶。像这样的工具可以完成精密的酿酒发酵。美国宾夕法尼亚大学人类学家所罗门·卡兹（Solomon Katz）提出，已经发现的新石器时期的狭颈陶制容器，就是为酿酒而制成的。斯塔夫里阿诺斯的经典著作《全球通史》中也板上钉钉地写道："到新石器时代末期，居民们有了不仅

能用来贮存谷物,而且能用来烹调食物、存放油和啤酒等液体的各种器皿。"

尉迟寺文化黑陶杯

第二,真正想要改变人们的生活方式,需要文化驱动。如果想要团结部落,说服朋友,酒无疑是最好的选择。酒在早期文明中依然扮演着宗教饮品的作用,帮助部落发展壮大,即使是最顽固的猎人也能被酒说服,转而定居下来。酒在宗教祭祀、部落庆典中也扮演着十分重要的作用。而且,很多民族都相信,酒在来生也有用,这也是为什么很多墓穴里都有酒和酒器的陪葬品。

翻开世界美酒地图,白酒、威士忌、白兰地、香槟、伏特加、杜松子酒、朗姆酒、苦艾酒……如此琳琅满目的名酒都有一个共同点,几乎都产生于北纬30°的北半球暖温带,这里也是原始农业的诞生地。今天的世界名酒产区,早在1万年前就注定啦!

上帝与酒

在犹太人的神话故事中,大洪水过后,诺亚干的第一件事就是种植一片葡萄园,因为他需要喝酒。

诺亚喝了园中的酒便醉了,在帐篷里赤着身子。迦南的父亲含看见诺亚赤身,就到外边告诉诺亚的另外两个儿子闪和雅弗。于是闪和雅弗拿件衣服搭在肩上,倒退着进去,给诺亚盖上,他们背着脸就看不见父亲的赤身。醒来的诺亚气愤地说:"迦南应当受诅咒,必给他弟兄做奴仆的奴仆。"

这个故事蕴含着丰富的隐喻,醉酒之后裸体没什么大不了的,偷看别人的裸体绝对是不行的,必须礼貌地移开视线。一些人指出,含可能不仅偷看了诺亚,而且还做出了一些非分的举动。

诺亚醉酒

《圣经》与酒的关系十分奇妙。酒精饮料屡次在圣经文学中出现,仅在旧约中就提到 200 多次。在圣经时代的日常生活中,酒是十分重要的部分。古巴勒斯坦的居民也喝啤酒和各种水果酒,经文有时也记载了相关的文献。

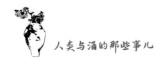

《圣经·箴言》记载了这样的规定：

> 谁有忧患？
>
> 谁有忧愁？
>
> 谁有争斗？
>
> 谁有哀叹？
>
> 谁无故受伤？
>
> 谁面红耳赤？
>
> 就是那流连饮酒的人。
>
> 酒发红，在杯中闪烁，你不可观看，
>
> 虽然下咽舒畅，但终究咬你如蛇。
>
> 你眼也必看见异样的事，
>
> 你心必发出乖谬之言。

虽然有这样对醉酒的控诉，但不少记载却表达了酒的积极作用。《圣经·申命记》中说道：(上帝)"也必在他向你列祖起誓应许给你的土地上，赐福于你身上所生的、地所产的，并你的五谷、酒和油，以及牛犊、羊羔。"《圣经》记载的先知弥赛亚也曾提及酿制一种美酒的部分过程。他在预言论及将临的公义新世界的种种幸福时写道："万军之上主必为万民……用陈酒……并澄清的陈酒，设摆筵席。"《诗篇》的执笔者写到耶和华时说："他使草生长，给六畜吃，使菜蔬发长，供给人用，使人从地里能得食物，又得酒能悦人心。"

整体而言，圣经文学中的记载表明了当时人们对酒又爱又恨的复杂态度，考虑到酒既是上帝的赐予，带来欢乐与喜悦，又是有潜在危险的饮品，带来罪孽与滥用。犹太教与酒、基督教与酒的关系普遍维持着相同的状况，尽管一直有为数不少的教徒拒绝饮酒，视酒为恶魔。

在早期基督教的故事中，饮酒主要与三个人物有关：施洗者约翰、耶稣与保罗。约翰为耶稣开辟了道路，耶稣带来全新的景象，保罗则保障耶稣的事迹广为流传。约翰是一个严格禁酒的人，耶稣则不同。众所周知，耶稣的神迹是从一阵酒雨中开始的。在迦南举行的一场婚礼中，耶稣到来时，婚宴用酒已经喝光了，于是耶稣把水变成了酒。

在《圣经·路加》中，耶稣明确声明："约翰来了，不吃饼，不喝酒，你们说他是被鬼附着的。人子来，也吃也喝，你们说他是贪食好酒的人，是税吏与罪人的朋友。但智慧之子，都以智慧为是。"

最后的晚餐

33

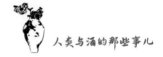

　　耶稣自己喝酒，也让信徒饮酒。在最后的晚餐上，耶稣举杯说："这杯是用我的血所立的约，你们每逢喝的时候，要如此行，为的是纪念我。"后来，基督教仪式把酒作为重要的一部分"圣餐"。

　　圣餐仪式需要葡萄酒，因此无论基督教传播到哪里，基督徒都要带着葡萄树，葡萄酒最终成为全世界最为流行的饮料。对于走出伊甸园的人类而言，多亏有了酒，才能适应农业时代。

第三章

厌厌夜饮，不醉无归

喝酒是理性的，吃饭只喝水是愚蠢的。

——[古希腊]安姆菲斯

楔形字上的酒

农业的产生，是人类社会发展史上最为重要的一次革命。

一般认为，西亚地区是世界上最早的农业发源地，包括西北—东南走向的美索不达米亚，以及东北—西南走向的西亚裂谷带中北段。两区相会于幼发拉底河中游以西的地方，在地理分布上合成一个新月形地带，范围包括今伊拉克东北大半部、土耳其东南边缘，叙利亚北部与西部，黎巴嫩、巴勒斯坦以及约旦西部。

新月沃地驯化了八大始祖作物，即二粒小麦、单粒小麦、大麦、

小扁豆、豌豆、鹰嘴豆、苦巢菜与亚麻。除了亚麻和大麦,其他作物都起源于这一地区。早在 6000 多年前,这里就有发达的文化,出现了苏美尔、阿卡德、巴比伦、亚述等文明。这里也是最早的国家、文字、法律、青铜器和铁器的诞生地。

人类学家列维·施特劳斯曾经指出,古代文字的作用是方便对别人的奴役。楔形文字作为人类最早的文字,绝大多数内容都是宫廷或神职人员记录的一些毫无感情的账目。由于当时没有货币,人们主要使用大麦、酒作为一般等价物互相支付。大约在公元前 3200 年前,人们画了一个圆锥形的啤酒壶,简化之后广泛用在泥版中,发音为"KASH",这是已知最早对酒的记载。

在苏美尔人的记录中,出现最多的东西就是神灵与酒。喝酒是当时所有人最重要的生活情趣。历史上第一个留下关于酒作品的诗人是萨尔贡一世(约公元前 2371 年—前 2316 年)的女儿恩黑杜亚娜。她曾在作品中这样赞美乌尔城邦附近的神庙。

正对阿里卡格的门口处,葡萄美酒倒在了天神精美的碗中,摆放在露天空地上……这是女神的神谕之所,充满智慧与威严,所有的天神都来参加您的饮宴。

在苏美尔人、也是人类最早的神话故事《吉尔伽美什史诗》中,也记载了喝酒的故事。恩奇杜应该是野人,和动物生活在一起。他后来被引诱喝酒,再也无法和动物交流,反倒成为了吉尔伽美什国王的朋友。

楔形文字

有句苏美尔谚语说:"他让人感到恐怖,因为他像一个不知啤酒为何物的人。"另一句谚语回答了这个问题:"不了解啤酒是不正常的。"

世界上现存最早的成文法《汉谟拉比法典》记载了另外一些有趣的事实。

如果酒馆老板(此处是阴性名词,编者注)不根据毛重来接受大麦作为喝酒的支付方式,而是收钱,缺斤少两,那么她要被扔到水中淹死。

如果阴谋反叛者在酒馆那里碰头,却没有被抓住送往审判,那么酒馆老板就要被处死。

《汉谟拉比法典》甚至按照等级制度建立了啤酒的配给制度:普通阶层每天2升啤酒,公职人员3升,僧侣和特权阶层则5升。

而在公元前1525年的《赫梯法典》里,明确提出酒的酿造由国家管理,而酒也成为民事纠纷的调解赔偿物之一,典型的法规有:

"第 164 至 165 条:若某人去抵押并发生了争吵,或者掰碎了献祭面包,或者打开了酒坛,他要交出一只羊、十片面包、一个容器的啤酒,并要为他的房屋重新净秽,直到经过一年后,他要保持他房间里的东西不受亵渎。""第 167 条:但是现在,他们将用一只羊来代替那名男子,两只羊代替牛。他将交出三十片面包和三罐啤酒,并且他要进行净化,先前播种田地的那个人首先收割庄稼。""第 168 条:若某人破坏了一块田地的界限并且移动一个阿卡拉,田地的主人将截去一个吉帕沙尔土地并占为己有。破坏边界的他要交出一只羊、十片面包和一罐啤酒,并要净化田地。"

喝酒的苏美尔人

苏美尔人的啤酒种类繁多,以大麦、葡萄和燕麦为原料酿造的啤酒多达 30 多种。由于发酵技术的限制,他们的酒往往是充分发酵了的大麦粥。喝酒往往需要使用秸秆做成的吸管,穿破表面漂浮物之后,再吸吮甜美的酒液。

有一首苏美尔酒歌的歌词流传了下来，里面数次提到了啤酒女神与生殖女神——宁卡斯和印娜娜，大意如下：

噶库尔大桶！

噶库尔大桶！

噶库尔大桶！

拉姆萨大桶！

噶库尔大桶，

让我们十分开心！

拉姆萨大桶，

让我们十分快乐。

而那个尤格煲陶罐，

让我们把酒言欢！

那个赛格罐中装满啤酒，

那个爱玛罐中装满啤酒，

那些水槽、水桶等盆盆罐罐，

全都摆放得丝毫不乱。

酒神之灵与你同在，

噶库尔大桶引导你我同在。

你我为此欢欣鼓舞，

让我们放声歌唱。

如果你把酒洒在酒馆地板上，

你就会同宁卡斯女神长久盘桓。

我们将活得歌舞升平，

因为我们喜欢她酿酒的天籁之声。

所有的水槽都装满啤酒，

形形色色的客人在此等候。

我仿佛在啤酒湖上快乐地旋转，

感觉飘飘然，飘飘然。

把酒言欢，心情愉悦，

所酿之酒，口味甘冽。

我的身体随着美酒起舞，

心灵也换上了精美华服。

印娜娜再展笑颜，

印娜娜再展笑颜，

高声赞美你，宁卡斯女神！①

古埃及人的嘴

古埃及人的嘴里，是不能没有酒的。

"在水里，你看到的只是自己的脸，但在酒里，你能看到内心的花园。""要想让一个男人的嘴得到满足，就用酒灌满他的嘴。"古埃

---

① ［英］马克·福赛思：《醉酒简史》，中信出版集团 2019 年版，第 39 页。

及有许多关于饮酒的谚语。酒在古埃及人的生活中扮演着重要的角色。酒类可以杀菌，有助于人们保持身体健康，由大麦酿成的啤酒由于口感清淡，不易醉人又营养丰富，被人们当作是一种不可替代的食物。

早在公元前4000年，古埃及人就开始生产酒。

通过无数的纸莎草画、陵墓壁画、陶俑、浮雕，我们在今天仍然可以清楚地看到古埃及人揉制酿造啤酒用的面团、储酒、饮酒以及醒酒的场景。古埃及人将水浸泡过的大麦堆积在平整的石板上，使其发芽，几天后，让太阳晒干或用柴草烘干。把干麦捣成粉末，放入木桶中，加适量温水，人在木桶中将麦芽粉踩踏成面团。空气中的酵母菌使面团发酵膨胀后，人工再将它捏成面包状进行烘烤，使淀粉胶结、蛋白质凝固。然后再捣碎，并掺入热水混合，用筛子或无花果叶过滤，得到麦芽汁。将麦芽汁倒入陶罐中再进行

酿造啤酒的古埃及陶俑

发酵，还会加入蜂蜜、草药和香料，酿造成与今天不同的味甜、无泡、更为浓郁的啤酒。

对于劳动人民来说，啤酒就是他们唯一的饮品和休闲放松的娱乐。酒还可以作为一般等价物在市面上流通，用来支付或者交换

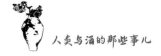

其他东西。修建金字塔的工人们，他们的工资就是啤酒。人们也将啤酒作为祭品随葬，在古埃及的陵墓里有这么一句话："牛肉、家禽、面包和啤酒，将使他的灵魂得到安息。"

而葡萄酒则是更为珍贵的饮品，一般来说只有上流社会的人们才享受得起，在绘有宴会场面上的古埃及墓室壁画上可以看到，葡萄酒作为珍贵的饮品提供给客人。宴会上觥筹交错，贵客们酩酊大醉，东倒西歪，但这在古埃及不是一件稀罕事，因为当时的人们把醉酒当作是一项重要的娱乐活动，暴饮暴食，催吐之后，继续大快朵颐，这是贵族生活的日常。

古埃及人和西亚的苏美尔人一样把葡萄树视为"生命之树"，把葡萄酒看作是神灵的恩赐。在埃及神话中，女神伊希斯就是由于吃了葡萄而怀孕，生下了众神之王荷鲁斯。葡萄酒被认为是太阳神的汗液，是荷鲁斯神的眼睛。因此，葡萄酒这种神圣的饮料向来被当作是祭品供奉给神灵和死者。由于葡萄酒的颜色与血的颜色相近，因此葡萄酒也代表了生命的再生，在古埃及的各种宗教节日中，葡萄酒被大量使用，人们相信这有助于将今生与来世连接起来，能够保证法老的再生。

葡萄的种植最早集中在埃及的孟菲斯地区，葡萄园主要为国王所占有，渐渐地，占有者中除了国王，还有祭司和大贵族。到了公元前1000年，葡萄园已经遍及埃及。古埃及的壁画中记录了葡萄酒酿造的全过程。每年的葡萄成熟之时，工人们开始采摘葡萄，采摘者将葡萄从葡萄藤上摘下来，然后放入筐中。其他人则将装满葡萄的筐子，头顶着或者扁担挑着送到酿酒的地方。然后，工人将成熟的葡萄放入一个圆形大缸中，4~6个人光脚站在大缸中，将葡萄踩碎。在大缸上面搭建有一个横杆，踩踏者用手抓着。葡萄汁从缸身处的一个孔流入下面的小缸中。在踩踏的过程中，一般都有乐师在演奏音乐和唱歌。踩踏后的葡萄中还残留有葡萄汁，这就需要进一步榨出这些剩余的葡萄汁。将葡萄放入一个长方形的亚麻布兜中，然后人们挤拧亚麻布兜，这样就能将残汁挤出来，流到下面的罐子中。这一般需要5个人来完成。

生产葡萄酒的古埃及壁画

最后，工人们将葡萄汁放入容器中，等待几天或几周，直到葡萄中的糖转变为酒精。发酵时间为几天，酿造出来的葡萄酒就比较淡，发酵时间为几周，酿造出来的葡萄酒就比较浓。发酵结束后，工人会就将葡萄酒倒入尖底罐中，用麦秆、芦苇或陶片封住瓶口，然后用泥进一步密封瓶口。但在瓶塞部留下一个小口，这样就可以把

瓶里的二氧化碳排出来。在密封瓶口的泥上压制标签,或者在罐肩上面书写标签,主要内容为年代、葡萄园的名称、酿酒者的名字和葡萄酒的质量。最后,将葡萄酒储存在酒窖中,在运送葡萄酒入窖的时候,书吏会在一旁统计葡萄酒的数量。

公元前 1550 年至公元前 1070 年,埃及主宰了全球的葡萄酒贸易。通过贸易,埃及人民不但可以享受怡人的葡萄酒,还对葡萄酒行业进行不断的革新。比如,埃及人率先使用标准化的双耳土罐使葡萄酒运输更加便捷,更发明了一种用苇子及粘土做成的保护措施,防止葡萄酒在运输过程中遭到破坏。

由于埃及成为葡萄酒世界的中心,葡萄酒也变成了顶级的贵族饮料。那时,高级神职人员和法老都爱上了葡萄酒,建造了巨大的酒窖收藏葡萄酒,有些人甚至还将葡萄酒带入彼岸陪葬。法老图坦卡蒙(King Tutankhamen)的陪葬品中就包括了 26 罐种类不同的葡萄酒。

在法老图坦卡蒙的墓中,一个酒坛子上镌刻着一些铭文:5年,尼罗河西岸,图坦卡蒙统治的南方酿酒作坊,葡萄酒商 Khaa。显示了年份、产地、酿造者等的相关字样,这可是 3500 年前的酒标呀!

希腊的酒德

古希腊人保持着今天看来匪夷所思的习惯。

喝酒一定要兑水,在喝酒的时候,掺入两到三倍的水加以稀释。在他们看来:波斯人喝啤酒,成为了粗鲁的外邦人;色雷斯人喝未稀释的葡萄酒,成为了无礼的野蛮人。

善于沉思的古希腊人崇拜酒神狄俄尼索斯。在古希腊神话中,有着无数醉酒的故事。关于他的故事,我们留到后面再细说。苏美尔人把饮酒当成愉快的社交活动;埃及人将饮酒当作一项极限运动;古希腊人却在理性与沉醉中,指出了饮酒的好处与危险。

柏拉图曾经指出,喝醉酒好比去健身场所锻炼,第一次醉酒会感到十分痛苦,但是熟能生巧。如果你喝了很多酒,还能举止得体,那么你就是一个完美的人。人只有在危险的情况下才能表现出勇敢,只有在醉酒时才能表现出自制力。如果想要做到谨慎小心,那么没有比喝酒更好的办法了。首先它可以测试一个人的性格,其次它可以培养一个人的性格。

黑陶是古希腊常见的酒具

古希腊常用的黑陶酒具

柏拉图认为，如果你信任一个喝醉酒的人，那么在任何场合下，你都可以信任他。总之，只有一个结论：不能相信禁酒主义者。

因此，在古希腊，醉酒是一种奇妙的体验，应该喝酒，也可以喝醉，但必须要在醉酒中保持良好的品行。想要应付自如，就得参加交际酒会。

在古希腊，酒会是一种适合富裕男人的私人娱乐方式。确切地讲，它是指聚在一起喝酒或晚饭之后的聚会，并不是真正的晚宴，酒会前的食物只是一项预备工作。柏拉图和色诺芬曾经在他们的作品中对酒会做过详细的描述，相关篇章在英文中用"symposion"来表示，相关的希腊文表述最早出现在公元前七世纪，到公元前五世纪就有了专门为举办宴会或用餐而修建的房屋。中文把"symposion"译作"会饮篇"，英文的含义则是"专题学术讨论会"。实际上，在古希腊文中，"symposion"就是指"酒会"。

酒会常常在密室中进行，不允许女性参加，除了供男人消遣的奴隶。酒会起源于荷马时代贵族武士的酒宴，是古希腊贵族阶层身份和地位的象征。宴会是贵族武士讨论有关政治和军事大事、进行社交活动的重要场合。到古风时代，受到波斯宫廷奢侈生活方式的影响，荷马式简朴的贵族酒宴被一套复杂的酒会仪式所取代。

在古典时期，酒会与城邦的政治联系变得更加紧密。那时候，饮宴之风盛行，人们经常参加酒会，由于他们有共同的兴趣爱好，对政治问题的看法也一致，就结成了许多政治小集团，又称"政治俱乐部"。政治俱乐部的成立使派系之间的斗争进一步加剧。酒会也随之成为他们交流和活动的主要场所，通过酒会结成的政治俱乐部有较强的稳定性。

古希腊酒会

　　酒会的主持人称为"巴赛琉斯"，这个词原本代表荷马时代的贵族武士，它还在古风时代被用作国王的称呼。主持人是酒会程序的决定者。首先，人们必须清洁自己，参加酒会前要洗澡，到达主人家后要洗脚、洗手，再由仆人们为他们洒上香水，戴上花冠，这样才能算作洁净，不会亵渎神明。然后，主持人进行祭酒，即把第一杯葡萄酒洒在祭坛上，以表示对神明的供奉。接着再由他决定按什么比例调制水和葡萄酒及按什么顺序饮用。古希腊人认为，酒的调和很重要，没有用水调制的酒是不利于身体健康的，容易迷惑人的心智。所以酒必须和一定量的水调和之后才能饮用，通常是1:3的比例。酒罐向右依次传递，饮用的人要一口气喝干杯中酒。

　　房间的四周摆放着石制的躺椅，一般有 7 至 15 把，参加酒会

的人都躺在躺椅上喝酒,先来者先得。参与者的数量有限,他们大多有社会地位或声望。男人们一边喝酒,一边交谈,女奴则伴之以歌舞、抚琴。

在柏拉图的《会饮篇》中,有这样一段生动的对话描写。宝桑尼阿斯提议不要再以斗酒取乐了,他说:"不怕你们见笑,昨晚的斗酒使我元气大伤,我今天不能多喝。我想你们大部分人也是如此,你们昨天也在场。因此让我们定出一个最随意的喝酒规则。"阿里斯多芬接着说:"你说得很对,宝桑尼阿斯,我昨天也喝得八九不离十了。"医生埃里西马斯劝告说:"我的医疗经验使我坚信,醉酒对人有害。我本人不想喝得太多,我劝你们也别贪杯,特别是昨天喝得太多、还没有完全恢复过来的人。"如此看来,斗酒确实很常见,要不然人们也不会总是喝得酩酊大醉了。

酒会上还有一种特别流行的游戏,叫作"kottabos",是一项所有参与者集体进行的活动。做游戏的人靠其左肘支撑,端着自己那仅剩一点儿酒的酒杯,用他的右食指钩住酒杯的把手,并来回摇动杯子,以使酒迅速洒向房间。目的是把酒弹到灯座上方一个保持平衡的小圆盘里,弹入者获胜。这种游戏有较强的技巧性和趣味性,深受古希腊人的喜爱。

酒会接近真实地反映了当时社会的状况,它是有闲的贵族阶层特有的一种生活方式。在酒会上,政治家们各抒己见,运筹帷幄;诗人们即兴创作,抒发感情;哲人们深思熟虑,高谈阔论。通过酒会,古希腊人养成了追求幸福,积极入世的乐观性格。

沉醉的商朝

中国人发明的黄酒是世界上最古老的酒类之一。

中国是当代世界上最大的酒类消费国。酒渗透于整个中华五千年的文明史中,从文学艺术创作、文化娱乐到饮食烹饪、养生保健等各方面,在中国人生活中都占有重要的位置。

中国人酿酒的历史很长,大约有9000多年。2007年,考古学家在河南省漯河市贾湖地区,发现了先民酿酒的证据。当地陶片内壁上发现了由山楂、蜂蜜、水稻发酵而来的酒石酸。可见大约在公元前5800年~公元前7000年间,中国人就已经喝上酒了。有意思的是,美国人还借这个概念出了一款啤酒,就叫贾湖啤酒(Jiahu beer)。

酒的起源,中国有两大传说,仪狄造酒和杜康造酒。先秦史书《世本》记载:"帝女仪狄始作酒醪,变五味;少康作秫酒。"大禹之女仪狄发明浊酒,而后少康则发明了高粱酒。《战国策》记载:"昔者帝女仪狄作酒而美,进之禹,禹饮而甘之。"女人发明酿酒有一种女神崇拜的意味。仪狄酿酒的真正信息可能是说早在女性在社会扮演重要角色的时期,即母系氏族社会时代,华夏族便已会酿酒。

夏朝被认为是中国历史上第一个朝代,夏朝饮酒的记载亦可在古籍中寻见。《尚书·夏书·五子之歌》说太康"甘酒嗜音",《墨子》谓夏启"湛浊于酒",《缠子》则云"桀为天下,酒浊杀人"。《孟子》云:禹恶旨酒而好善言。孟子认为大禹不爱饮酒而喜欢善言,但孟子之

言更多是假托其名求训诫之意。这里所谓的"甘"与"浊",说明当时所酿之酒口感较甜,酒液浑浊,发酵程度相对较低。夏朝尚属于酿酒的初兴阶段,否则夏桀也就不至于因为酒浊而杀人了。

真正影响中国人饮酒形态的时代是商王朝。华丽复杂的青铜器,发达的酒文化,晦涩的甲骨文字,是商王朝留给后世主要的形象。商王朝起源于涡淮流域,他们善于经商,定居之地称之为"亳"。今天的亳州,其名字的来源就是商汤王定都于亳的历史。

早在距今 5000 多年的新石器时代,亳州地区就出现了如尉迟寺遗址、傅庄遗址、钓鱼台遗址、后铁营遗址、青凤岭遗址等先民遗迹。其中,蒙城尉迟寺遗址出土了近万件石器、陶器、骨器、蚌器等珍贵文物,包括先民饮酒使用的陶尊、陶罐和高足杯等。说明早在5000 多年前,这里就出现了酿酒活动。

新石器时代的彩陶杯

而在位于亳州市谯城区的钓鱼台遗址,曾经出土了中国最古老的小麦。1955 年,在该遗址内发现了一件盛装碳化小麦的陶鬲,经中国社科院考古研究所测定距今约 4500 年左右。根据有关专家统计:在遗址中发现的粮食堆积为 100 立方米,折合重量 5 万千克,还发现了一些形制类似于后世酒器的陶器。由此来看,当时已有了大量的粮食结余,从而为酿酒提供了必备条件。

商人从这块善于酿酒的土地兴起,并把他们的足迹带到了更为广泛的中原大地。与夏人不同,商人更为强盛,统治区域广大,控制了东至东海,南达长江,北抵燕山,西接关中的广袤区域。《诗经·商颂》赞商代之广袤云"奄有九有""邦畿千里"。在迄今为止发现的商代遗址中,不仅发现了大量用于酿酒的粮食,也发现了用于饮酒和储酒的大量酒器。酒器种类极为繁多,饮酒器有爵、觥、角、杯、卮、皿、斝、觚和斝等,储酒器有瓮、尊、卣、彝、瓿、罍和壶等,酒器的装饰亦十分复杂,反映出当时已经有了较为复杂的酿酒技术和酒礼。

商代青铜酒器

商人已经能够使用酒曲酿酒，并能通过控制发酵程度来调节酒的口感和度数。《尚书·说命下》相传为武丁所作，武丁赞美傅说云："若作酒醴，尔惟曲蘖。若作和羹，尔为盐梅。"武丁将傅说比作制造食物必不可少的食材，而酒、醴、曲、蘖则是商人酿酒的技术术语。曲是利用谷物霉变而制成的发酵剂，蘖是利用谷芽霉变而制成的发酵剂，二者培基不同，发酵功能亦有差异。曲的发酵效果要强于蘖，因而用曲酿制的酒，酒精度稍高，商人称之为酒；用蘖酿造出的酒，酒精度较低，商人称之为醴。甲骨文中亦经常出现"酒醴"的记载。如《甲骨文合集》975 载武丁时卜辞云"其往，于甲酒咸"，《甲骨文合集》3280 云"贞惟邑子呼飨酒"，《甲骨文合集》2890 云"贞我一夕酒"。①

商人还酿造出一种专门用作祭祀占卜的酒，唤作"鬯"。甲骨文中常见"鬯"字，如《殷墟书契后编》有"百鬯百羌卯三百田"的记述，《殷墟书契前编》有"癸卯卜，贞弹鬯百、牛百"的文辞，这两片卜辞提到的鬯均达百数之多。发现如此之多的酒类记载，说明当时酒的产量非常可观。②

值得注意的是，酒在商代可能已经进入流通领域，成为重要商品之一。谯周《古史考》载"吕望常屠牛于朝歌，卖饮于孟津"。传闻姜太公仕周之前曾经在孟津卖酒。商代酿酒业不仅实现了酿酒技艺的提升，而且出现了规模化生产和商业经营。

①② 王赛时，《中国酒史》，山东大学出版社 2010 年版，第 20 页。

不仅贵族耽酒，饮酒之风还遍及平民之中。殷墟平民墓葬中常见到陶制的酒器随葬品，据 1969—1977 年殷墟墓地发掘材料来看，平民墓常发现有陶爵和陶觚，在总数 939 座墓葬内，出有这种陶制酒器的墓达 508 座，另有 67 座墓出土过铜制或铅制的爵与觚，其中编号为第八墓区的 55 座墓葬中，已有 49 座墓出土陶爵和陶觚。这些酒器均是墓主人生前喜爱并使用的物品，说明在商朝平民饮酒之风甚盛。

通过分析郑州商城、辉县、温县、殷墟等地不同时期的墓葬，发现其随葬品多以觚、爵等酒器为核心，形成以酒器加炊器、食器、盛器、水器和礼乐器为组合的随葬模式，而且数量极大。武丁时期的一处墓葬中就出土了 40~50 套。殷墟妇好墓共出土青铜器 210 件，其中酒器数量约占 74%。商人墓葬中不但酒器数量庞大，而且摆放位置很有讲究。如盘龙城李家咀 M2 商代前期墓中，酒器大都置于椁内，炊食器都放在椁外。山西灵石旌介 M1 晚商墓出土青铜礼器 23 件，内有"十爵四觚一辈"均置于椁内，靠近墓主人头部，而其他食器则放在墓主人的足部方向；旌介 M2 晚商墓出土礼器 18 件，其中有 10 件爵、4 件觚摆置在墓主人正前方。[①]将酒器摆放在距离主人更近的尊贵位置，反映出饮酒在商人生活中处于核心地位。

从历史文献来看，商人耽酒甚至到无酒不行的地步。《史记·殷本纪》记载纣王"以酒为池，悬肉为林，使男女裸相逐其间，为长夜

---

① 宋镇豪：《夏商社会生活史》，中国社会科学出版社 1994 年版，第 286 页。

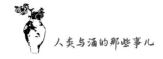

之饮"。《尚书·微子第十七》载微子言云:"我用沈酗于酒,用乱败厥德于下","天毒降灾荒殷邦,方兴沈酗于酒。"微子认为正是由于商人酗酒成风,才导致丧德亡国。周人灭商,常以饮酒为戒。《大戴礼记·少闲》说商纣王"荒耽于酒,淫洪于乐"。《尚书·酒诰》载周公禁酒令云:"我民用大乱丧德,亦罔非酒惟行。越小大邦用丧,亦罔非酒惟辜。"百姓犯上作乱皆因酗酒,大小诸侯国之所以亡国,没有不是因为酗酒造成的。西周康王《大盂鼎》铭文则云:"殷匄与殷正百辟,率肆于酒,故丧师。"指出商人酗酒而亡国的故事,以此训诫后人。对商人醉酒的反思,使得西周成为中国历史上第一个限酒时代。

从古代中国到两河流域,从尼罗河到爱琴海沿岸,酒都是早期文明最为重要的组成部分。通过饮酒,我们扩大了生产,成长了思想,积累了艺术,实现了从蒙昧到文明的社会形态进化,文明正是因为饮酒而发展壮大。

第四章

没有酒才喝水

酒，百药之长。

——《汉书·食货志》

最古老的药

酒是一种最古老的药。

从采集渔猎到原始农业，是一个漫长的过程。在这个过程中，营养不良与疾病瘟疫一直困扰着原始人。直至进入完全的农业社会，狩猎还保留很小的一部分，并转变为一种文娱活动。

在原始农业最初发展的 2000 年左右的时段里，已经在狩猎采集中演变了数百万年的人体，出现了许多不适应的情况。狩猎采集者的食物来源数以百计，从事农业的先民，食物往往只有几种谷

物。高糖低纤维的谷物代替了水果、块茎、种子、野味和坚果,肚子是填饱了,但微量元素与矿物质的缺乏,造成了坏血症、龋齿、骨质疏松、脚气等疾病。与狩猎采集者相比,这些先民容易接触受到污染的食物,经常承受更严重的饥荒风险。为了获得丰收日的大餐,人类付出了高昂的代价。

动物学家安捷尔的研究指出,人类在最初的农业劳作之中,面临的最大的体质上的一个变化,就是骨质疏松。而酒富含人体所需的维生素与矿物质,在治疗骨质疏松上有着独特的效果。在原始农业发展的末期,人们又掌握了酒和药材融合在一起的技术,提高了人类的寿命和健康。

酒在治疗最初的农业劳作中的功效之外,还具有另一项不为人知的功效。这一功效在 2016 年诺贝尔医学奖颁布之后,即日本科学家大隅良典发现了"细胞自噬"机制之后得到了科学上的证实。这项研究成果有助于人类更好地了解细胞如何实现自身的循环利用,更揭示了酒与抗癌之间的关系。细胞自噬就是,动物细胞有一种功能——自己吃自己。生理生化反应多而复杂,经常产生大量残渣,致使细胞活动受到影响甚至停滞。在这种情况下,自噬作用就非常重要:将淤积在细胞质中的蛋白质等代谢残渣清除掉,恢复正常的细胞活动。自噬基因的突变可能引发疾病,而自噬过程则关联多种病症,包括癌症和神经学疾病。

在 20 世纪 90 年代,大隅良典用一系列奇妙的实验,成功在酿酒酵母中发现了细胞自噬的关键基因。大隅良典对酿酒酵母的研究,证明了酵母细胞中也存在自噬现象,更重要的是,他发现了一种方法,能够识别和鉴定涉及这些过程的关键基因。在酒行业里,酒类生产之所以使用酵母,特别是人工培养的酵母,其目的就是为了调高出酒率。酒在酿造过程中存在的其他微生物如己酸菌、乳酸菌等在为白酒的风味形成做出贡献的同时,也帮助了人体通过细胞自噬进行新陈代谢。

新石器时代墓葬中,酒与玉石是常见的殉葬品,都被认为具有医疗的功效

酿酒酵母是天然存在的微生物,因科学家对其研究较早,研究也较为清晰,用于研究模板更有说服性,所以科学家往往喜欢将其作为模板,在此基础上进行研究,被称为微生物的宝库。

现代研究表明,酒的主要成分乙醇是一种良好的半极性有机溶媒,中药的多种成分如生物碱、盐类、鞣质、挥发油、有机酸、树脂、糖类及部分色素等均较易溶解于乙醇中。乙醇还具有良好的穿透性,易于进入药材组织细胞中,发挥溶解作用,促进置换、扩散,

有利于提高浸出速度和浸出效果。所以酒与其他的药材配伍,便能够产生更强的药效。酒在人体里还有防腐作用,可延缓许多药物的水解,增强药剂的稳定性。

此外,一方面酒可以杀菌消毒,这在远古时期饮食卫生条件极差的情况下是非常需要的;另一方面酒的摄入,能增进人们的食欲;更有助于食品的消化和吸收,使人们能从食物中摄取更多的营养。

随着原始农业的发展,农产品的产量不断提高,有更多的作物可以用于酿酒,人们酿酒的经验也越来越丰富,于是便形成了一个农业劳作—酿酒治疗—扩大酿酒的一个循环过程。人类在农业社会最初的 2000 年时间里,没有因为农业带来的负面作用而放弃农业,酒在健康问题上所起到的作用是不可替代的。可以说,酒这种最古老的药,是我们文明起点的保护伞。

亚欧大陆的秘方

医学是人类步入农业文明后,长期与疾病斗争的实践产物。

原始社会的人们由于对自然力量的不了解和恐惧,认为存在着一种支配世界的超自然力量,这成为巫术发展的基础。神秘感导致人群对一切自然物的崇拜,对生殖的崇拜,进而发展为图腾崇拜、祖先崇拜和鬼神崇拜,并由此形成了巫术和发展而来的原始宗教。巫师出现后,又往往承担着治病的职能,他们在治疗疾病时,有时施行巫术,有时也用医药技术,其中,有些巫师更偏重于医。

医学越发展,医与巫之间的斗争越尖锐,巫术就更成为医学发展的桎梏。公元前五世纪,中国医学家把"信巫不信医"作为六不治的一种,《黄帝内经·素问》中说"拘于鬼神者不可与言至德"。这些都是医学摆脱巫术,确立自身价值的标志。

在医学萌芽的早期文明中,酒是亚欧大陆公认的药方。对于古埃及人而言,酒是一剂良药。在一份公元前1800年的医学文献中记载了700多种处方,其中大约有100条中出现了"啤酒"的字眼。

与啤酒一样,葡萄酒也经常与其他物质搭配入药。古埃及人用葡萄酒与小麦粥治疗消化不良,葡萄酒与盐治疗咳嗽,葡萄酒与莳萝减轻疼痛。古埃及的泻剂由葡萄酒、蜂蜜等构成,杀虫剂由葡萄酒、乳香与蜂蜜构成,而葡萄酒与无花果搭配还可以驱魔。

2009年《美国科学院院刊》报道,科学家发现古埃及人在5000多年前就懂得向酒中添加辅料治病。尽管研究人员并不清楚人类最初是在何时将草药添加到他们的酒中的,但是最早书面记录这种古埃及红酒的莎草纸经年代测定出现在公元前1850年。然而在1994年,德国考古学家偶然发现了一些更为直接的证据:他们在位于埃及阿拜多斯的蝎子王一世的墓穴(大约修建于公元前3150年)中发现了一个陶罐,其中有成片的黄色残渣,考古学家对这些残渣进行了分析。曾在2001年与德国研究小组一道工作的麦戈文认定,这些剩余物中包含有葡萄中的酒石酸分解后留下的盐结晶。麦戈文指出:"这有力地证明了这些容器是用来盛酒的。"

对残渣的分析同时揭示了树脂的存在。麦戈文和同事利用一

系列化学手段梳理出其他的化学添加剂,并将它们与已知的植物进行了匹配。结果表明,试验发现的化合物可能与大量的草药有关,其中包括香薄荷、香脂草、番泻叶、芫荽、薄荷、鼠尾草和百里香。

虽然,这次研究不足以搞清楚具体的配比,但是,这些草药都曾在记录埃及医学的莎草纸上提到过,它们能够治疗一系列疾病。研究人员随后将这一发现与在埃及南部发现的一个公元500年的罐子中的残渣进行了比较。这个罐子被确认曾经装过添加草药的红酒。结果显示,在阿拜多斯发现的罐子中的化合物也存在于已知的药酒中。

更让人震惊的是,在古埃及人嗜饮的啤酒中发现了大量的四环霉素。这不是1950年才被发现的抗生素吗?今日我们仍常借助四环霉素广效的抗菌效果来治疗疾病,小至脸上的青春痘,大至人心惶惶的炭疽杆菌。考古发现,四环霉素甚至残留在木乃伊上。古埃及人可能不知道啤酒中蕴藏着四环霉素,但他们明白:啤酒不只能带来轻飘飘的幸福感,还能解除身体的诸多病痛。

对于苏美尔人而言,酒也是一种神奇的药品。

目前已发现的世界上最早的医药文献是一块公元前2500年的楔形字泥板,上面罗列了15种药方,其中有这样一条案例:"磨碎梨子和甘露植物的根,掺入到啤酒中让这个人喝下。"苏美尔医生治病除了魔法或巫术,他们建议清洁,药品在热水和矿物质溶剂中浸泡;使用植物或矿石的提取物来制药,还配之适当的液体或溶剂;如果是口服,啤酒经常成为理想的溶剂。在那个饮水卫生颇成问题的年代,饮用啤酒不失为一种更"健康"的选择。

　　巴比伦人同样继承了苏美尔人以啤酒作为主溶剂的做法,并把啤酒的应用扩大到外敷。现存的一个巴比伦治疗牙疼的药方或称咒语便以称颂宇宙起源为开头、以治愈牙痛为结尾:"阿努造天空,天空造地球,地球造江河,江河造水流,水流造沼泽,沼泽造地龙……愿埃以其巨掌惩治你!"最后的附言是:"将二等啤酒和食油等掺和在一起,默诵三遍以后将该药敷在病牙上。"

庞贝古城的宴会壁画

　　西方"医学之父"古希腊人希波克拉底曾经说过:"葡萄酒作为饮料最有价值、作为药物最可口、作为食物最让人快乐!"他的医药专著上很多给病人开的药方都有葡萄酒,这极大影响了此后西方医学的发展。直到今天,葡萄酒都是西医重要的药方。

　　《圣经》中也记载了酒的药用价值。

　　耶稣在撒马利亚人的比喻里显示他承认酒具有医疗效用。这

位撒玛利亚人为受伤的男子包扎伤口时,他曾将"油和酒倒在他的伤处"。使徒保罗也曾提议年轻的提摩太"因胃口不清,屡次患病,可以稍微用点酒"。美国作家威尔·罗杰斯曾调侃说:"酒对诺亚的健康造成如此不幸的影响——他才活了950年。给我指出哪位不喝酒的人能这么长寿。"

在漫长的中世纪,没有酒,人们才会去喝水。饮水需要维护良好的水井,需要引水系统,而这些都是中世纪的欧洲人所缺少的。来自溪流的水常常含有寄生虫,还会受到排泄物的污染。只有喝酒才能摆脱不洁的水源,才能实现健康。

我们如今熟悉的那些烈性洋酒,比如伏特加、白兰地(包括干邑)、威士忌等,都是在13—16世纪左右被人创造出来的。夺去了欧洲总人口中1/3生命的黑死病,就发生在这段时间。

醉酒的牧师

这场可怕的大灾难,却直接刺激了蒸馏酒的发展。想象一下吧,在黑死病的疫区,人们根本不了解这个疾病是由何而起,空气里飘着死神的气息,水源更是让人不敢靠近,连洗澡都不敢(因为大家相信要让泥把毛孔堵住才能防范疾病),喝水能安全得了? 作为街头巷尾的一介平民,为了保命,只能喝酒。

荷兰人发现了这个商机,开始从法国购入葡萄酒再发往其他国家,但是在运输过程中,这批酒的品质下降得厉害。于是,聪明的荷兰人就把这些葡萄酒蒸馏一次,制成白兰地(Bredewijn),结果大受欢迎。

这就是白兰地的初始状态。在干邑区的法国人在此基础上改进,制造出了质量更高的葡萄蒸馏酒,被称为生命之水(Eau de Vie),不同年份的"生命之水",经过调配,就是我们现在所熟悉的干邑了。后来,以白兰地为代表的蒸馏酒被一些医生认为是治疗和预防黑死病最有效的药酒,终于引发了全欧洲人喝烈酒的风潮。

药酒的产生

在所有的医学门类中,从没有像中医一样对酒有着深刻认识。

中医认为酒有多种健康功效,更研究了多种保健作用的药酒。"医源于酒",这从汉字"医"字可以证实,医本作"醫":"医"示外科治疗,"殳"示按摩热敷、针刺以治病,"酉"本为酒器,与酒相通,表示酒是内服药。

医字从酉,可见酒和医有不解之缘。早在周代时,微醇的"医",就为以周天子为代表的贵族阶级制作日常保健饮料了《周礼·天官》

记载："酒正,掌酒之政令……辨四饮之物:一曰清,二曰医,三曰浆,四曰酏。""浆人,掌共王之六饮:水、浆、醴、凉、医、酏,入于酒府。"贾公彦疏云:"医者,谓酿粥为醴则为医。"由此可知,先秦时作为食物的"医",很像至今南方人仍喜爱食用的"酒酿"。

成书于战国至西汉初期的我国现存最早医书《黄帝内经》,便辟有专章讨论酒的药理。《礼记·射义》载:"酒者,所以养老也,所以养病也。"《汉书·食货志》载:"酒者,百药之长,天之美禄。"

李时珍的《本草纲目》"酒"条说"惟米酒入药用","曲"亦入药,有"合阴阳"之功,为"百味之长""百药之长",并说,金华酒即古兰陵酒、东阳酒"常饮、入药俱良","用制诸药,良";米酒(老酒,腊月酿造者,可经数十年不坏)有"和血养气、暖胃辟寒"的功用;春酒(清明酿造者)"常服令人肥白";"火酒"即今蒸馏酒,饮用可以"消冷积寒气,燥湿痰,开郁结,止水泄,治霍乱、疟疾、噎膈、心腹冷痛、阴毒欲死,杀虫辟瘴,利小便,坚大便,洗赤目肿痛有效"。因酒有这些效用,故历来本草、医案,无不著列阐释,列为一类药品,并佐方剂无数。可见,中国传统医药学是无酒不可的。

张仲景在他的《伤寒论》和《金匮要略》这两部不朽名著中记下了我国最早的方、药详备的补酒三品:炙甘草汤用酒七升,水八升;当归四逆加吴茱萸生姜汤,酒、水各六升;芎归胶艾汤,酒三升,水五升。这些开创了中国传统补酒保健祛疾的先河,补阳剂中以酒通药性之迟滞和补阴剂中以酒破伏寒之凝结的原则也从此被明确于方剂之中。但张仲景时代的补酒制法还是比较原始的,只是药、酒、水共煮而非后世的浸渍法。

华佗发明麻沸散，也以酒为引，《后汉书·华佗传》载："若疾发结于内，针药所不能及者，乃令先以酒服麻沸散，既醉无所觉，因刳破腹背，抽割积聚。"华佗是曹操的老乡，两人都生于以酿酒闻名的谯县（今安徽亳州）。可以说，酒启迪了古代外科手术的发展，使中国的外科手术领先世界600年。华佗《青囊经》一定会有对酒的医用记载，可惜这部书随着华佗被曹操所杀而未能传世。

屠苏是一种草名，也有人说屠苏是古代的一种房屋，因为是在这种房子里酿的酒，所以称为屠苏酒。据说屠苏酒是华佗创制的，其配方为大黄、白术、桂枝、防风、花椒、乌头、附子等中药入酒中浸制而成。这种药酒具有益气温阳、祛风散寒、避除病疫之邪的功效。后由唐代名医孙思邈传播开来。孙思邈每年腊月，总是要分送给众邻乡亲一包药，告诉大家以药泡酒，除夕进饮，可以预防瘟疫。孙思邈还将自己的屋子起名为"屠苏屋"。以后，饮酒防疫便成为过年的风俗。

葛洪以进一步的实践给我们留下了补酒浸渍法的完整记录：以菟丝浸酒，"治腰膝祛风，兼能明目，久服令人光泽，老变少。十日外，饮啖如汤沃雪也。"其后的陶弘景，增录汉魏以降名医所用药365种，将载药365种的《神农本草经》增订为《名医别录》，并正式将酒列为"中品"，即位于中药三品级"君""臣""佐使"的"臣药"一级："主养性以应人，无毒有毒，斟酌其宜，欲遏痛，补虚赢者，本《中经》。"孙思邈则更前进一步，他的《备急千金要方》列有"酒醴"专章，记有20余种补酒，并且已经有了冷浸的制作方法："凡合酒，皆

薄切药,以绢袋盛药,内酒中,密封头,春夏四五日,秋冬七八日,皆以味足为度。"唐代以后,开始使用蒸馏酒作为浸剂,药物有效成分的溶出率提高,且不易变质,药效更好。

宋、金、元是中国传统医学发展的黄金时期,酒的医药功用发挥得更为充分。许多成方中,用酒蒸、酒炒来炮制药物的方法被广为应用。王焘在其所著《外台秘要》中不仅载有虎骨酒等药酒,还载有用药酒治疗外科疾病的方法,如治疗痔疮方,"掘地作小坑,烧赤,以酒沃之,纳吴茱萸在内,坐之,不过三度良"。

明清两代医书记载了更为丰富的内容。《本草纲目》所载 69 种药酒中,补酒便有逡巡酒、五加皮酒、仙灵脾酒、薏苡仁酒等 40 余种。与李时珍同时代的著名饮食理论家和养生家高濂在其《遵生八笺·饮馔服食笺》中亦列有补酒 28 种,均是医家、百姓和商界青睐的养生名品。

饮酒的百岁老人(摘自《亳州晚报》)

现代医学研究认为，中药的多种有效成分，如生物碱及其盐类、甙类、鞣质、有机酸等皆易溶于酒中，中药用酒送服或经酒浸泡后，有效成分更容易溶出，可提高疗效。

古井贡酒酿酒生产现场

根据孙宝国院士等专家的研究，白酒富含阿魏酸、归内酯、氨基酸、维生素等对人体有益的健康因子。古井贡酒的所在地亳州被授予"全国十大长寿之乡"的称号，百岁老人数量位居全国前列。这些长寿老人都有一个共同的习惯，就是喜欢适量饮酒、健康饮酒。

从适应农业到克服疾病，酒是人类医学进化的催化剂。对于我们而言，不能把酒置于健康生活的对立面。须知，酒是文明的载体，也是具有保健作用的饮料。三五好友，欢聚一堂，喝上一点儿小酒，从怡情保健上说，都是不可多得的美事。

第五章

从朝堂到江湖

天若不爱酒，酒星不在天。

地若不爱酒，地应无酒泉。

天地既爱酒，爱酒不愧天。

已闻清比圣，复道浊如贤。

贤圣既已饮，何必求神仙。

三杯通大道，一斗合自然。

但得酒中趣，勿为醒者传。

——李白《月下独酌四首》节选

酒的主宰

酒之所兴，肇自上皇。在古代，酒是地位的象征。

在历史长河里,君王借酒夺取权力、巩固地位;政治家借酒活跃气氛、促进社交。鸿门宴、杯酒释兵权、煮酒论英雄……无数让人耳熟能详的典故,道出了酒与政治的不解之缘。这种联系,实际上早在原始社会末期,就伴随着国家和阶级产生了。

启蒙思想家霍布斯认为,在国家产生之前,还存在一个良好的社会秩序,霍布斯将其称为"自然状态"。在自然状态中,社会的秩序是十分有序而美好的。从这个阶段到国家的产生,是政治文明的一个质变。这个质变有诸多的推动力量,酒是推动力量之一。

在原始社会末期,政治活动主要有哪些内容呢?通过人类学的相关研究,我们认为,在这个时期主要有三个方面的内容:即共食活动、原始舞蹈活动和原始巫术活动。

一、共食活动

在前文明时代里,人类过着采集狩猎的生活,所有财产归集体所有,一起分享食物是部落最重要的沟通方式。共食活动会在群体之中产生一种认同感,这种认同感会在群体中形成一种记忆,这种记忆是关于群体的最初想象,当参与共食活动的人们在想象中有一个共同的凝结点时,这个凝结点就是群体,就是部落。从哲学上来看,部落和部落联盟,乃至于后期形成的国家,都是一种想象的共同体,并不是作为物质存在的。共食活动在形成"想象的共同体"的过程之中,发挥了重要的作用。

在共食活动中,酒的作用是不言而喻的。首先,共食活动中酒的参与,会增加和活跃共食活动的氛围,让共食活动具有更多的情

感因素。人们在饮用酒的共食活动中,出于善良情感的考虑,会首先为长者和部落首领斟酒,这一行为的延续,逐渐地在共食活动中产生了等级。酒在共食活动中所起到的作用如果能得到长时间的延续,甚至是每天的几次共食活动中都时刻遵守,而不是间断性的共食活动,那么,共食活动就会产生长者和部落首领的"权力"。在文明政治产生的初期,权力应当有这样一个含义:即有些高档的产品,或者部落中认为比较好的产品,只有部落首领才可以享用。"权力"的诞生,是共食活动的一个转折点,也是文明政治产生的一个起点。

彩陶

　　酒在共食活动中所带来的仪式感,贯穿到每一个个体之中。在新石器时代的遗址中,有大量盛酒容器的碎片和大型动物遗骨集中在一起,看起来很像在举办一场大型仪式。酒精给人带来的眩晕感与通灵状态的想象很相近,这种效果鼓舞古人们更多地举办祭祀活动。

二、原始舞蹈活动

哲学家尼采在其成名作《悲剧的诞生》一书中指出，在梦中和醉中，人获得了生存的快乐之感。

尼采在《悲剧的诞生》的最后一章里这样总结酒神的作用："酒神呼唤日神进入人生。音乐和悲剧神话同样是一个民族的酒神能力的表现，彼此不可分离。由酒神所带来的原始舞蹈活动，是加强部落团结的法宝。它还以最广泛的力量进入到文明和艺术的领域。

酒神因素显示为永恒的本原的艺术力量，归根结底，是它呼唤整个现象世界进入人生。在人生中，必须有一种新的美化的外观，以使生气勃勃的个体化世界执著于生命。"

三、原始巫术

巫师和祭司在最开始的时候，也是共食中普通的一员。但随着群体等级化的固化与加强，在一些部落当中，祭司和巫师还直接成为部落联盟的最高首领。在巫师和祭司进行原始巫术活动的过程之中，酒主要有两种用途。

首先，是直接把酒用作巫术活动的一部分，用于祭祀神灵或者祖先。从庆祝农业丰收活动演化而成的原始巫术活动，部落成员会以其珍贵的产品作为象征进行祭祀，以祈祷来年的丰收和某种精神上的升华。巫术活动的频繁化，带来的是巫术活动向原始宗教进化。

其次，在祭祀活动中的饮酒，增加了原始巫术活动的神秘性。当巫师和祭司处于醉酒状态时，所产生的行为被赋予了一定的神圣内涵。这一内涵,随着巫师走向部落权力的最高峰,成为部落的首领之时,已经完成了其政治内涵的全部过程。随着政治的发展,对巫师的祭祀传统进行改革,正是中国原始社会的政治,走向早期政治文明国家的过渡点。

古史记载中,将这一转折称之为"绝地天通"。绝地天通总共发生了两次,第一次是重黎,而最为著名的一次是在颛顼时代。颛顼,中国古史传说中的五帝之一,也是一位集巫师、祭司、部落首领于一体的人物。绝地天通的宗教改革,就是将各个地方巫师的祭祀权力统一收归到部落联盟的首领手中。由此,在文化与宗教意义上完成了五帝时代向国家政治时代的转向。

新石器时代原始部落(想象图)

五帝时代被认为是中国政治文明的开端。中华大地的几大文明,由早期的满天星斗汇聚成为中心开花的中原文明。五帝在中原大地的诞生,就是文明政治在中国的诞生。中原大地在这一时期,完成了新石器时代向青铜时代的转变,主要表现在作为礼制系统的载体由陶器变成了青铜器。酒的酿造在这个时期已经产生了高档酒和低档酒的差别，贵族们开始只饮用高质量的酒，而且只用青铜器作为饮酒的工具。中原大地在酒具的生产中是占据着优势地位的。《史记·黄帝本纪》记载，黄帝采首山之铜，制成兵器，战胜了蚩尤。青铜酒具的诞生，标志着中原文明政治有了新的文明载体。

在早期国家中，酒具也是最为重要的礼器。君臣使用不同的饮酒器具，有着明确的规定。相当于夏代晚期的二里头遗址中，出土了大量的酒具，等级性非常明显。王作为夏朝的最高统治者，在墓葬中有大量的礼器陪葬，而作为一般的贵族和臣子，则不能使用那些高质量的礼器，在使用数量上也有严格的规定。

周王朝在分封的仪式上，天子将酒、胙等祭祀用品赐予诸侯，天子赐予的酒具上往往还有相应的铭文，诸侯以礼接受，这是诸侯国统治合法性的来源。赐酒成国在分封制下是一种必要的礼仪，象征着诸侯建国的合法性和其统治的正当性。而没有这一过程的诸侯国就是不被华夏诸国所承认的蛮夷，就不属于华夏的范围之内，是"天下共讨之"的对象。

从原始社会末期政治的产生，到文明早期阶段国家政治的发展，再到晚商至西周时期所产生的殷周之变，酒与政治的发展历程一脉相承，成为政治文明产生的推动力量。

孔子的王朝

酒,可以建立一个国家,也能摧毁一个王朝。

仪狄向大禹献上美酒,大禹虽然甘而美之,但也留下一句千古流传的谶语:"后世必定有人因为醉酒而亡国。"

不出大禹所料,夏桀、商纣王、周幽王、吴孙皓、晋孝武帝、隋炀帝、李后主……无不因饮酒过度,沉溺享乐而亡国。在这一连串的名单中,商纣王的酒池肉林尤其让人震惊。相传他听信妲己的谗言,挖了一个酒池,池中有一个小岛,岛上挂着熟肉,这样他就可以一边划船,一边随时大快朵颐。

周人推翻了商朝后,认为商朝灭亡最主要的原因就是醉酒。周礼的创造者,孔子崇拜的周公旦留下了中国最古老的禁酒令——《酒诰》。

> 乃穆考文王,肇国在西土。厥诰毖庶邦、庶士越少正御事朝夕曰:"祀兹酒。惟天降命,肇我民,惟元祀。天降威,我民用大乱丧德,亦罔非酒惟行;越小大邦用丧,亦罔非酒惟辜。"

周公的意思是说:尊敬的先父文王,在西方创建了我们的国家。他从早到晚告诫诸侯国君和各级官员说:"只有祭祀时才可以用酒。上天降下旨意,劝勉我们的臣民,只在大祭时才能饮酒。上天降下惩罚,因为我们的臣民犯上作乱,丧失了道德,这都是因为酗酒造成的。那些大大小小的诸侯国的灭亡，也没有哪个不是由饮酒过度造成的祸患。"

《礼记·月令》记载："是月也，天子乃以元日祈谷于上帝。乃择元辰，天子亲载耒耜，措之参保介之御间，帅三公、九卿、诸侯、大夫，躬耕帝藉。天子三推，三公五推，卿诸侯九推。反，执爵于大寝，三公、九卿、诸侯、大夫皆御，命曰：劳酒。"周天子祭天后，亲自参与春耕，祈求丰收。回到朝中后，天子犒劳百官，公卿王侯才能得到一点酒的赏赐。

《酒诰》中说："无彝酒。越庶国：饮惟祀，德将无醉……厥父母庆，自洗腆，致用酒。"大小贵族不能经常饮酒，各诸侯国只能在祭祀时饮酒，而且不能喝醉。父母生日大庆，准备丰盛的食物，可以饮酒。至于一般百姓，则要"执群饮"，严禁聚众饮酒。总的来说，周礼明确要求，作为君子，应该喝酒。但没有大事，不准喝酒。

为了把饮酒限制于政治活动之内，孔子进一步总结了周人的酒礼。孔子编纂的《诗经》集中体现了孔子对于饮酒的基本态度。《诗经》三百篇，其中涉及饮酒的多达三十余篇。孔子在饮宴上反复强调"君子有酒"的理念，似乎离开了酒，日常交往便无法维持。如《诗经·小雅·鱼丽》云："君子有酒，旨且多。""君子有酒，旨且有。"《小雅·南有嘉鱼》云："君子有酒，嘉宾式燕又思。"《小雅·鹿鸣》云："我有旨酒，以燕乐嘉宾之心。"君子家里应当藏有酒，酒不仅要好还要多。

在孔子看来，饮酒作乐是兴国安民的方法之一，《孔子家语》提到:"古民皆勤苦,稼穑有百日之劳,喻久也。今一日使之饮酒焉,乐之,是君之恩泽也。张而不弛,文武弗能,弛而不张,文武弗为。一张一弛,文武之道也。"百姓一年到头紧张忙碌,适当的时候应该让他们饮酒作乐,放松身心,这是执政者应有的美德。

青铜酒罍

对于自己的酒量,孔子在《论语·为政》中这样描述:"惟酒无量,不及乱。"意思是说,我也不知道自己酒量有多大,但我从没有喝到酒后失态。孔子主张要喝酒,对喝酒也没有量的限制,但不可以醉酒悖乱,酒后失态的行为更为夫子所不齿。

孔子主张恢复先代的礼乐制度,事事遵循礼制,这一点也体现在他的饮酒主张中。《论语·雍也》记述孔子看到不符合周制的"觚",便发出了"觚不觚,觚哉?觚哉?"的叹息,意思是说:现在的觚不像周代的觚,现在的礼已不像周礼了,难道能标榜为礼吗?以此谴责诸侯国对于周礼的背弃。

《文会图》(宋)赵佶

《论语·乡党》是专门记载孔子日常生活状态的一篇。"席不正，不坐。乡人饮酒，杖者出，斯出矣。"坐席放的不端正，孔子就不落座。参加乡里举行的酒宴时，要等老人们都离席之后，孔子才出去。而在《论语·为政第二》中孔子说："有酒食，先生馔。"有了酒肉应先敬长者。

在孔子看来，饮酒是人生的必需，能够促进社会与政治的和谐，使一个王朝合大美。饮酒要遵守礼仪、孝敬长者，做"饮君子"，而非酒后失态，这在今天仍有启示意义。

烦恼的淳于髡

古希腊诗人荷马说过："酒能使舌头松绑，让故事生出魔力。"如果说酒有性格，那它一定是火热奔放，自由洒脱的精神。战战兢兢，只在政治活动中饮酒，怎么能让人愉快呢？

在三国以前，酒礼如同军令一样严苛。违反了酒礼，甚至有被杀的风险。《说苑》曾载，战国时期，魏文侯与大臣们饮酒，命公乘不仁为"觞政"，觞政就是临时监督饮酒的人。公乘不仁非常认真，与君臣相约："饮不觞者，浮以大白。"谁要是杯中没有饮尽，就要再罚他一大杯。没想到魏文侯最先违反了这个规矩，饮而不尽，公乘不仁举起大杯就要罚他。魏文侯并不理睬。公乘不仁不仅毫无惧色，还引经据典地说了饮酒与治国的道理，理直气壮地说："今天君上自己同意设了这样的酒令，有令却又不行，这能行吗？"魏文侯最后不得不接受处罚，端起杯子一饮而尽。

曾侯乙尊盘

《史记》曾载,公元前182年,刘章入宫侍奉吕后举行酒宴,吕后任命其为酒史。刘章表示:"我是武将的后代,请允许我按照军法来监酒。"不久,吕氏家族中有一人喝醉了,逃离了酒席,刘章追上拔剑杀了他,然后回来禀报说:"有一人逃离了酒席,臣执行军法杀了他。"吕后也无可奈何。

最先带头打破礼制的不是百姓,而是制定规则的统治者。《晏子春秋》卷一记载:"景公饮酒酣,曰:'今日愿与诸大夫为乐,请无为礼。'"景公希望能自由自在,不分等级地喝酒,晏子站起来反对这种有违礼制的行为。

越王勾践被吴王夫差打败后,为了实现"十年生聚,十年教训"的复国大略,下令鼓励人民生育,并用酒作为生育的奖品。"生丈夫,二壶酒,一犬;生女子,二壶酒,一豚。"后来①,勾践率兵伐吴,出师前,将酒倒在河的上流,与将士一起迎流共饮,士卒士气大振,绍兴现在还有投醪河。

公元前605年,楚庄王在宫中大摆酒宴,欢庆胜利。正当君臣喝得尽兴的时候,楚庄王把自己的爱姬许姬叫出来给大家敬酒。许姬在敬酒的时候忽然吹来一阵大风,把大厅上的蜡烛全都给吹灭了。这时,一位将军垂涎许姬的美色,趁着酒兴,凑上去摸了许姬一把,许姬则顺势扯下了那人帽子上的系缨。许姬将系缨紧紧握在手中,然后连忙小声告诉楚庄王说:"刚才嫔妾在敬酒时,有人乘着烛

---

① 《国语·勾践灭吴》。

灭摸了我，现在我把他帽子上的系缨给抓了下来，大王赶快让人点上蜡烛，看看是哪个胆大包天的家伙做的。"楚庄王沉思片刻后，让人暂缓点蜡烛，然后对众人说道："今天大家喝得这么高兴，可是这样穿戴整齐实在有些难受，我看还是都放松放松吧，大家干脆把头盔都摘下来，这样才能喝得更痛快些。"酒宴重新开始后，楚庄王还是谈笑风生，始终没有追查冒犯者。许姬埋怨庄王不为自己出气，庄王笑着说："有人喝多了，酒后失礼情有可原，如果为了这件事就去诛杀功臣，那么会让将士们感到心寒，他们也就不会再为楚国尽力了。"

上到国君，下到黎民，对传统的酒礼确实都感到厌烦了。到了战国时期，饮酒趋向自由化，一般民众的饮酒已经司空见惯了。

淳于髡是战国时期著名的智者，他虽然身高不足七尺，但是语言流畅、能言善辩，多次出使各诸侯国，从来都没有受到过屈辱。《史记》中记载了淳于髡饮酒的故事。

齐威王听说淳于髡酒量很大，于是在后宫设置酒肴，赐他饮酒。宴会上，齐威王问他："先生喝多少酒会醉？"淳于髡回答说："臣有时喝上一斗酒也能醉，有时喝上一石酒才能醉。"齐威王说："先生的话让我很糊涂，您喝一斗就醉了，怎么还能喝一石呢？可以把这个道理讲给我听听吗？"

淳于髡说："现在大王当面赐酒给我，执法官就站在旁边，御史站在身后，这时我心惊胆战，只能很谨慎地低着头喝酒，这时喝不了一斗就醉了。如果父母大人有尊贵的客人到家里来，这时我卷起袖子,弓着身子,奉酒敬客,客人不时赏给我一杯残酒,宾主之间屡次举杯敬酒应酬,这时臣喝不到二斗也就醉了。"

"如果朋友间一起交游,大家好长时间没有见面了,突然相见,高高兴兴地聊起往事,互诉衷情,这时大概喝五六斗就醉了。至于说乡里之间举行的聚会,男女坐在一起,相互敬酒,也没有时间的限制,又能做六博、投壶一类的游戏,呼朋唤友,相邀成对,男女在一起握手言欢不受处罚,眉目传情也不会遭到禁止,面前有落下的耳环,背后有丢掉的发簪,在这个时候,我是最开心的,喝上八斗酒,也不过只有两三分醉意。天黑了,酒也快喝完了,大家把剩余的酒并到一起,然后促膝而坐,男女同席,鞋子木屐混放在一起。地上的杯盘杂乱不堪,厅堂上的蜡烛已经熄灭了,主人单留下我,而把别的客人都送走,绫罗短袄的衣襟已经解开了,可以略略闻到一阵香味,这时我心里最为高兴,喝上一石酒都不成问题。所以说,酒喝得过多就很容易出乱子,欢乐到了极点的时候就容易发生悲痛之事。世上所有的事情大概都是这样。"

《春夜宴桃李图》(明)仇英

淳于髡的言论虽然是为了讽

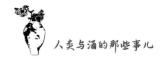

谏君主，但我们可以发现，当时社会上已经有各种形态的酒会，人们可以自由地选择，追求饮酒带来的快慰。《史记》中的《刺客列传》《滑稽列传》和《游侠列传》写了曹沫、专诸、豫让、聂政、荆轲、朱家、剧孟等数十个来自平民阶层的传奇人物，他们都有饮酒的记载。《说苑·正谏》说"吴王欲从民饮酒"，这正是一个时代的趋势。

竹林的光荣

从早期文明的需要饮酒，到周朝的限制饮酒，再到战国的敢于饮酒，古代中国人越来越主动。魏晋时期的竹林七贤更是提出了一个石破天惊的观点：喝酒光荣！

三国和两晋是一个统一王朝消失的时代。汉末到魏晋，社会动荡不安，政局变幻不定。东汉末年的政治败坏引发了黄巾起义，随后军阀割据，出现三国并立的局面。到了西晋，虽然实现了统一，但不久爆发了"八王之乱"，北方游牧民族趁机进入中原，西晋的统治也随之结束，中原成了诸族争斗的战场。

这些混乱而痛苦的历史事实，让当时的名士们思治而不得，苟全性命于乱世，对文化、思想和社会风气都产生了巨大的影响。循规蹈矩、道貌岸然的传统道德，日益遭人抛弃，越来越多的名士选择了叛逆。鲁迅先生曾将魏晋时期受推崇的风度要素归纳为"药与酒""姿容""神韵"，李泽厚先生又补充了"必须加上华丽好看的文采词章"。

竹林七贤

　　饮酒服药，是对于生命的一种追求，一种解脱。所谓药，即五石散，又称寒食散。这个药方出现在汉朝，由魏国人何晏首先服用。关于五石散中的"五石"，东晋道学家、炼丹术师、医药学家葛洪说它的药方是"丹砂、雄黄、白矾、曾青、慈石也"，但是，隋代名医巢元方则认为是"钟乳、硫黄、白石英、紫石英、赤石"。尽管"五石"配方各不相同，但这个药剂服用以后，会导致血流加快，人体代谢加快，全身燥热不堪，身体发红，呼吸急促，所以食用五石散以后必须穿上薄衣，吃冷食，因此"五石散"又被叫作"寒食散"。同时，服用过五石散的人，必须不停地走动，所以这种行为被称作"行散"，因此，魏晋时期的文章中经常出现"行散"的字眼。当时的名流雅士也将"行散"作为一种文化人的象征，于是名士争相效仿、乐此不疲，将服食五石散当作一种身份的象征。然而，许多长期服食者都因食用五石散中毒而丧命。所以，孙思邈呼吁世人"遇此方，即须焚之，勿久留也"。故自唐代以后，就很少有人不惜性命服食了。

　　竹林七贤就产生于这样一个历史背景之下，他们都以饮酒服药而闻名。七贤，即嵇康、阮籍、向秀、山涛、刘伶、阮咸和王戎。在曹魏正始、嘉平年间，他们经常相聚于竹林之下清谈饮酒，因此得名。

　　嵇康是七贤的核心，山涛在赞美嵇康的醉态时说："其醉也，傀俄若玉山之将崩。"人的学问大了，知名度高了，连喝醉的姿势都是那样地与众不同，被喻为"玉山将崩"。此时醉中的嵇康，正好"坐中发美赞，异气同音轨。临川献清酌，微歌发皓齿。素琴挥雅操，清声随风起……"（嵇康《酒会诗》），这是何等的风流快意！耿介孤傲，鄙夷俗情，是嵇康最主要的性格特征。与其他几人的酣饮不同，嵇康颇有几分微醺酒仙的风采。

　　他在《家诫》一文中告诉家人说："不强劝人酒，不饮自己；若人来劝己辄当为持之，勿稍逆也。见醉醺醺便止，慎不当至困，不能自裁也。"大意是说别人好心请我们饮酒吃肉，这是人们相互交往的常情，要参加，不可轻易拒绝。在酒宴上，千万别干自己怕醉不喝，却强劝别人多喝的事。若别人劝自己饮酒，要勉力为之，不要流露出一点儿不高兴的样子。感到微醺的时候就不要再喝下去。千万不要被酒所困，以致丧失理智。这可以看作是嵇康饮酒应酬的原则，不是深懂人情世故的人难有这种见解。

（唐）孙位所作《高逸图》中的阮籍持扇

　　在阮籍看来，人生的乐趣惟有饮酒。他经常赶一辆牛车，车上载有酒，他边走边喝，走到没有路了，他就下车大哭一场。然后，转回头去，继续漫无目的地行走。阮籍不愿做官，但他听说步兵营里藏有三百石美酒，就主动请求补缺校尉一职。到任后，又招来刘伶躲在府中日日酣饮，直到把酒喝完，立马提出辞职。他还在山东东平做过一次官，到那里后，他先拆除了衙门府里重重叠叠的围墙，让官员办公透明，然后又精简了法令，只用了十天时间，就把那里治理得井井有条，让人心悦诚服。没事干了，他就骑驴重新回到了京都洛阳。阮籍家的附近有个酒店，店主是个美妇人，阮籍经常去喝酒，醉了，就躺在人家身旁睡觉。妇人的丈夫起疑心，后来看了看，见阮籍只是醉眠，也就不再追究。甚至在母丧之时，阮籍也在醉酒。有人建议司马昭杀掉他，司马昭看他整天醉醺醺的，放过了他。阮籍通过醉酒，逃过了血腥的政治变局。

向秀常和嵇康一起打铁,也常到吕安家中帮着吕安种菜,三人常在一起饮酒玄谈。在竹林七贤中,向秀跟嵇康交谊甚厚,嵇康死后,向秀不得已而出仕。一次,他从洛阳回家时,经过了嵇康的旧居,远远地听到邻人凄惨的笛声,睹物思人,不禁悲从中来,想起了他们一起在竹林饮酒谈玄的往事,回到家后,借着酒意,写下了流传千古的《思旧赋》。

山涛与向秀同乡,擅饮酒以交友。他一生历三朝三姓,得名在五十岁后,忠勤晋室,爵高位尊。山涛深谙世故,出处进退,与人交往,颇能节度。他的饮酒态度亦是如此,酒量是八斗内不醉,每次聚饮,将至八斗时便不再逞强。司马炎有次暗备八斗酒劝灌山涛,"山涛慢饮而不计量数,饮至八斗自然止杯不饮。"可知这位在险恶官场上的不倒翁,其应酬恰得分寸。

刘伶,传说长得奇丑,身材五短,但是人不可貌相,海水不可斗量。刘伶是个奇才,洒脱豪迈,从他流传下来的饮酒逸事中,便可管窥。刘伶饮酒都光着身子,一丝不挂。他说要把天地当房屋,把房屋当裤衩。没有文人的才华,放眼宇宙的胸襟,很难说出这种高论。

刘伶嗜酒成性,老婆为了限制他喝酒,便把酒藏了起来。有次刘伶要喝酒,他老婆就把酒器、酒坛全都打碎,规劝他说:"你喝酒太多,你不是喜欢老庄吗? 这不是养生之道,一定要把酒瘾戒掉。"刘伶面对妻子,痛心疾首地说:"你说得对,我不能自己戒酒,只有向鬼神祈祷发誓,才能断掉酒瘾。你就给我准备祭礼的酒肉吧。"老婆见他态度诚恳, 便准备好酒肉让他去发誓祈祷。刘伶一见到酒肉,赶紧跪下祷告,"天生我刘伶,以酒为命。一次喝一斛,五斗除病酒。"说完就迫不及待举起酒坛喝酒,取肉来吃,不一会儿就喝得酩酊大醉。

刘伶对饮酒认识得很透彻,有《酒德颂》一文传世。

> 有大人先生,以天地为一朝,万朝为须臾,日月为扃牖,八荒为庭衢。行无辙迹,居无室庐,幕天席地,纵意所如。止则操卮执觚,动则挈榼提壶,惟酒是务,焉知其余?

> 有贵介公子,缙绅处士,闻吾风声,议其所以。乃奋袂攘襟,怒目切齿,陈说礼法,是非蜂起。先生于是方捧罂承槽,衔杯漱醪。奋髯箕踞,枕曲藉糟,无思无虑,其乐陶陶。兀然而醉,豁尔而醒。静听不闻雷霆之声,熟视不睹泰山之形,不觉寒暑之切肌,利欲之感情。俯观万物,扰扰焉如江汉之载浮萍;二豪侍侧,焉如蜾蠃之于螟蛉。

文章里,刘伶假托"大人先生"寄寓了他追求自由的精神,对虚伪世俗礼教下的士大夫们进行了嘲笑和讽刺。

阮咸与阮籍并称"大小阮"。他精通音律,擅长演奏,我们现在还有一种乐器就是以阮咸的名字来命名的,简称为阮。阮咸善饮,在竹林常跟阮籍、山涛一起畅饮。据说阮姓族人在一起喝酒,不用普通饮具,他们喝酒都用大缸,酒注满缸,大家围坐在酒缸四周,无须酒器,头直接伸到缸里面去饮酒,那场面可就热闹了。大家争相

到缸里喝酒,头发濡进酒里是情理之中,头互相撞击,也是平常事,呛到酒更是稀松平常……史载他们饮酒招来了一群猪,阵地被猪占了,阮咸直接爬上酒缸,与群猪一起痛饮。

王戎身材短小,相貌寻常,是竹林饮宴中最年轻的一位。《晋书·王戎传》载,王戎有一次与阮籍饮酒,当时兖州刺史刘昶(字公荣)也在座,因为酒少,阮籍不给刘昶斟酒,刘昶也不介意。王戎感到奇怪,改天问阮籍原因,阮籍说:"胜过刘公荣的人,不能不和他一起饮酒;不如刘公荣的人,则不敢不一同饮酒;惟独刘公荣这样的人,可以不和他一起饮酒。"言辞之中透露出名士的宽容洒脱。王戎后来投靠了司马氏集团,在政治立场上与嵇康、阮籍不同,但他仍然怀念竹林之交。有一次,王戎轻装简从经过黄公酒垆,突发感慨,回头对后面车上的人说:"吾昔与嵇叔夜、阮嗣宗酣畅于此,竹林之游亦预其末。自嵇、阮云亡,吾便为时之所羁绁。今日视之虽近,邈若山河!"这番话的意思大致是:我以前和嵇康、阮籍一起在这家酒垆痛饮过,在竹林之下游乐饮宴时,我也有幸参与,敬陪末座。自从嵇、阮二公亡故以来,我就为时事所拘缚。今天看到这家酒垆虽然这么近,却又像隔着山、隔着河那么遥远啊!

东晋名士王恭有一句名言:"名士不必须奇才。但使常得无事,痛饮酒,熟读离骚,便可称名士。"也就是说,名士的外在表现是,无所事事,酣畅饮酒,又能清谈着人生的困惑、生死与说不清、道不明的玄妙追求。从竹林开始,酒从日常生活的饮品,蜕变为名士风度的试金石,升华为精神文化的象征。

一曲新词酒一杯

晏殊说"一曲新词酒一杯",李白说"斗酒诗百篇"。

酒与文学一直如影随形,没有酒就没有文学。历史上著名的文人,无不与酒相会。酒孕育了文人的气质,激发了文人的创作,重塑了文人的生活。

在西方世界,最早的文学作品多数来自饮酒的吟游诗人和修士。而在中国,酒更为追求豪放旷达、自由不羁、逍遥自在的文人所喜爱。

《醉僧图》(宋)刘松年

酒过三巡后,诸事不宜,却是写作的好时间。在我国的诗歌中,到处都可以看到酒的影子。如果没有酒,陶渊明不能安享田园之

乐，李杜文章不会上天入地……在我国最早的一部诗歌总集《诗经》中，就有不少以酒为主题的篇章，提出了醉酒饱德的观点，认为君子当醉而不失态，醉而不损德。

在中国文学史上，许多诗人以酒酿诗、以诗歌酒。同我国名目繁多的美酒那样，有千家风味、万种情调，令人叹为观止。譬如：晋代陶渊明的田园诗酒，闲适而怡然，又不乏酒的清芬；以岑参为代表的边塞诗酒，是大漠里悲壮的豪情与欢歌。

《饮中八仙图》（明）唐寅

唐宋诗歌大多与酒有关联，代表人物当推斗酒诗百篇的李白，他也素有酒仙之称。杜甫在《饮中八仙歌》中写李白："李白斗酒诗百篇，长安市上酒家眠。天子呼来不上船，自称臣是酒中仙。"历来被认为是传神之笔。而当我们翻翻李白的诗集，会发现他在生活中酒诗同乐的情趣。譬如"看花饮美酒，听鸟鸣晴川""且就洞庭赊月色,将船买酒白云边"等,真可谓诗酒风流,难怪郭沫若说"李白真可以说是生于酒而死于酒"。的确,李白的死极富浪漫情调。据说,他醉后到采石矶的江中捉月亮落水而溺死。杜甫则是以酒愁见长,他的"朱门酒肉臭,路有冻死骨",揭露了统治者与贫苦群众之间的贫富分化现象。

说到酒仙,也是在杜甫的这首诗中提到了"饮中八仙"的概念。这"八仙"即李白、贺知章、李适之、李琎、崔宗之、苏晋、张旭与焦遂等八人,这个典故在后世广为流传。古代中国不崇拜具有神性的酒神,却对饱含人性的酒仙情有独钟,这正是儒学带来的认知习惯。

宋代欧阳修,自称醉翁。他的"花间置酒清香发,争换长条落香雪""东堂醉卧呼不起,啼鸟花落春寂寂"都被传为佳话,更可贵的是他不仅爱喝酒,且喜酿酒。

酌酒这种浪漫的癖好,从来不是男性的特权,且听这句"昨夜雨疏风骤,浓睡不消残酒。试问卷帘人,却道海棠依旧",就宛若看见了宿醉的李清照对镜梳妆、喃喃自言的模样。李清照在她的名篇中也有不少带酒味的佳品。例如早期的《如梦令》《醉花阴》等词中有"常记溪亭日暮,沉醉不知归路""东篱把酒黄昏后,有暗香盈袖"等,显示一个贵族闺秀风雅的生活。南渡以后,国破人亡,境遇孤苦,其酒樽也满蘸凄情,如《声声慢》中有"寻寻觅觅,冷冷清清,凄凄惨惨戚戚……三杯两盏淡酒,怎敌他晚来风急"。

除了诗词,通俗文学的小说也要写酒。以四大名著为例,《西游记》是古典小说中涉及酒较少的一部,但孙悟空醉酒大闹蟠桃会的故事对每一位中国人来说都不陌生。在《三国演义》中,酒与英雄豪杰的关系十分密切。刘关张桃园结义少不了酒,关羽温酒斩华雄、单刀赴会少不了酒,对酒当歌、人生几何的一代英雄曹操则在煮酒时论起了天下英雄。《水浒传》是靠酒串起来的,这其中最著名的当属吴用智取生辰冈,武松醉打孔亮、醉打蒋门神、醉杀白额虎,鲁智深醉闹五台山,宋江醉酒题反诗,林冲风雪山神庙醉杀仇人,这些醉酒突出了英雄气概,而英雄的死也与酒有关。

与施耐庵同样好酒的还有曹雪芹,他在撰写《红楼梦》时,许多人都想先睹其章节,曹雪芹就对他们开玩笑说:"若有人快读我书不难,唯一日以南酒烧鸭享我,我即为之作书。"清代的酒,按生产工艺分,主要有发酵酒、蒸馏酒、配制酒三种。《红楼梦》把这三种酒都写到了,有人做过精确的统计,发酵酒类写过黄酒、惠泉酒、葡萄酒,蒸馏酒类写到过烧酒,配制酒类写到过合欢花酒、屠苏酒。

古代文人贪杯如此,八个世纪后的现代文人们,对酒的这份挚爱也未折损半分。中国现代文学的奠基人之一的鲁迅先生对酒也有不小的热爱,"夜失眠,尽酒一瓶","午后盛热,饮苦南酒而睡","夜买酒并邀长虹、培良、有麟共饮,大醉"。亲密的酒友也曾对他的酒量有过描述:"酒,他不但嗜喝,而且酒量很大,天天要喝,起初喝啤酒,总是几瓶几瓶的喝,以后又觉得喝啤酒不过瘾,白干、绍兴也都喝起来。"

与朋友推杯换盏这种事,鲁迅爱做。地球另一端的海明威也不甘示弱,据《流动的盛宴》中的描述,几乎在巴黎的每一天,他都在酒精、咖啡和饥饿的陪伴下坚持写作。他写道:"不用去理会那些教堂、建筑或城市广场,如果你想了解一种文化,那就去当地的酒吧里坐一个晚上。"

文学是一种追求心灵自由的艺术,酒能让人从现实的约束中解放出来。正是醉的自由给文学创作提供了广阔而又辽远的空间。

《韩熙载夜宴图》(南唐)顾闳中

从朝堂到江湖,酒摆脱了神秘色彩,走入千家万户。

酒走入每个人的心灵,成为人类物质生活幸福与否的一种标志,成为人类精神世界自由与否的一个象征。人类文明也因此实现了超越与进化,迈向了充满可能的未来。

第六章

狂欢与信仰

喝了酒，你就会睡得香。睡得香，你就不会犯错。不犯错，你就会被救赎。因此，喝酒就会被救赎。

——中世纪德国格言

众生的膜拜

人类早期文明中，都出现了丰富多彩的酒神信仰。

随着文明发展、神话体系逐渐建立，人们对"喝酒"这件事有了新的体会。这种不可言说的感觉，古人当然不懂这是酒精对大脑的作用，而会认为这根本就是与神交流，甚至成神的道路嘛！

"享受酒带来的精神愉悦感"，这种说法听起来颇为现代，但与我们间隔数千年的苏美尔人并不像这些可怕的年代数那样显得苍老古板。苏美尔的啤酒女神是宁卡西,没有任何遗存的史料描述过她的相貌,但她的名字频繁出现在苏美尔文明对啤酒的种种赞歌中,其中最广为人知的一首是:宁卡西,是你双手捧着那无上甜美的麦芽汁;宁卡西,是你将滤清的啤酒从瓮中倾倒,恰似底格里斯河与幼发拉底河的激流。

传说诞生于流水之中的宁卡西不仅本身是啤酒的象征,而且也是众神的酿酒师。这也就解释了为什么在苏美尔的社会中酿酒师全部是女性,而宁卡西神庙中的女酿酒师也通常担当女祭司,同时,宁卡西是最重要的酿酒神。

除此以外,苏美尔神话中酒馆的守护神也往往是女性,如史诗中吉尔伽美什在世界尽头处的众神酒馆中见到的西杜里。这样的角色分工据分析是早期啤酒不耐存放,都是在家中现酿现饮决定的。直到啤酒的酿造技术发展,生产量增加,男性才逐渐从女性手中夺走了酿酒师的地位,如同后来在各地神话中的情节那样。

虽然在人类学学者看来,古埃及啤酒的酿造方法很可能来自巴比伦,但这并不妨碍古埃及的神话中也出现本土的发明啤酒的神祇。这一神祇起初被归于守护死者的女神,亦为生命与健康之神的伊西斯,后来逐步被同化于古埃及的葡萄酒以及诸多种造物的守护神、伊西斯的丈夫奥西里斯。

在古埃及的神话中,与啤酒最直接有关,而且最著名的其实并非有关来生,而是隐含着人类灭绝。

"坐者"奥里西斯

　　拉神求教于创造自己的努神:他的眼睛创造出来的人类正在背叛他,他该如何处置。努神建议拉神派他的眼睛化身成赛克麦特去摧毁那些渎神者,拉神接受了建议。虽然,这些渎神者因为惧怕都逃到山里,赛克麦特还是追踪并抓到他们,把他们一举毁灭。赛克麦特完成了大毁灭,非常高兴,以混有番茄浆的啤酒庆贺。

　　赫里奥波里斯城(也称"太阳城")即今天埃及的开罗,它是古代埃及太阳神崇拜的中心,也被称为"众神之乡"。塞克蒂作为这样一座圣城的守护女神,其地位应当不一般,她酿造的啤酒拯救了人类,却也没被封为啤酒女神。

　　"哈托尔庆典"堪称现代啤酒节的前身,但与全盛时期的苏美尔啤酒女神宁卡西相比,哈托尔虽然备受拉神宠爱,但在庆典中显然已经没落成一个被动的角色,待到哈托尔的形象逐渐被古希腊与古罗马的爱神阿芙洛狄特与维纳斯融合,原本的铁血之气,更被消融得只剩一抹酒色。

总体来说,酗酒在古埃及是一个普遍存在的社会问题,上至法老下至黎民,醉酒的场面甚至被绘入墓室的壁画中。

古印度神话里的月神苏摩最早是酒神,在《梨俱吠陀》中,苏摩神是第一代的神祇之一,与雷神因陀罗、火神阿耆尼并列。苏摩酒为天神之甘露,可赋予饮用者超自然之力或永生之力。其实苏摩是一种蔓草,压榨出汁液发酵后酿成苏摩酒,是祭祀给众神饮用的金色美酒,象征长寿。

苏塞鲁斯是高卢人敬奉的酒神,主管着森林、农业和啤酒的酿制。他总是手执长柄槌和酒杯,以保平安,并为阴间筵席置备酒肴。在现今的浮雕艺术品中,他有时会和他的妻子南特苏塔一起出现在人们的视野中,这对夫妻被认为是幸福婚姻的典范。

古代世界上最好酒的民族是哪一个? 那一定是北欧的维京人。饮酒、战争、狩猎,是一个维京武士的主要追求。大部分多神教中都有一个诸神之王,另外还会有一个醉神、酒神、酿酒之神等类似的神。但是在维京人这里,诸神之王却是个醉神,事实上他的名字就是"喝醉的神"。除他之外,维京人没有酒神,酒神就是奥丁。酒就是王权,就是家庭,就是智慧,就是诗歌,就是兵役,就是命运。北欧神话中的奥丁除了葡萄酒之外什么也不喝。事实上,他除了葡萄酒之外什么也不吃,他喝酒时一丁点儿食物都不吃,没有任何下酒菜,甚至连开胃小菜也没有。《韵文埃达》对这一点讲的非常确定。

维京人生活中的每一件事情都围绕着酒展开。人们用酒祭祀

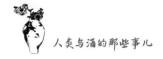

奥丁,百姓为酒而生活,诗人从酒那里获得灵感,武士们为酒而征战。在他们的史诗中,国王在解决自己两个妻子争风吃醋的问题时,会决定宠幸那个当他从战场回来能给他好酒的夫人。

奥丁

在中国历史上,关于酿酒的传说,有仪狄造酒与杜康造酒。虽然,仪狄造酒的传说产生更早,但后世更重视杜康造酒之说,如宋高承《事物纪原》曾感慨:"不知杜康何世人,而古今多言其始造酒也。"清周召《双桥随笔》则这样描述酿酒业:"市井中人,酒保则祀杜康,屠户则祀樊哙,甚而豢牛者以冉伯牛为牛王,卖菜者以蔡伯喈为园主,鬻茶者以陆羽为茶臣。"历代文人创作诗赋,常将美酒与杜康等而视之。如著名的曹操《短歌行》云:"对酒当歌,人生几……何以解忧?唯有杜康。"

在古代中国,没有形成规模化的酒神信仰。古代中国人更为崇拜山川风雨火雷之类的自然神,对于酒神这种人造神不太感冒,没有太多酒神的传说故事,更无与酒神相关的专门仪式。

虽然酒神膜拜不兴,但在古代中国人的精神世界中,酒就是福。"福"字的本意是用酒祭祀神灵以求护佑,这可以从"福"字的字形内含有表示"神主"与"酒樽"的构件得以印证。

"福"字的甲骨文为合体会意字,左边的构件为"示"(一个横线条,一个竖线条),象征祭祀祖先或神灵的神主形象,一说是象征祭祀祖先或神灵的供桌之形,横线条表示石板的桌面,竖线条表示支撑桌面的石头底座,写成现代汉字就是"示";右边的构件为"酉","酉"像酒樽之状,前两个甲骨文字形酒樽中有酒流出,后一个甲骨文字形"酉"字下面有两只手的形状,表示一个人双手捧着酒坛在奉献,整个字形表示双手捧着酒樽向神主进奉祭酒之状,表示以酒祭祀神灵或祖先,以求降福保佑之意。

金文、小篆的造字原理与甲骨文一致,只是构字部件略有变形。以酒祭祀,以酒祈福,一直延续至今。当我们说起福寿康宁、福寿无疆、福星高照、福地洞天的祝福语时,可不要忘记这里面还有酒的交情!

甲骨文　金文　小篆

介绍完这些古代文明的酒神,相信你一定发现了一个共同点,古今中外的无不是带来快乐与幸福的好神,先民们围绕着他狂欢,

围绕着他歌颂，围绕着他创作，这正是哲学的发端。人类开始思考自身存在的命题，这是从一般动物到智慧生物的伟大进化。

狄俄尼索斯意象

谁是世界上最受欢迎的酒神？

一定是源自古希腊的酒神狄俄尼索斯（希腊语：Διόνυσος、英语：Dionysus）。狄俄尼索斯是西方文学、艺术和哲学中最为常见的意象。希腊神话中关于狄俄尼索斯的故事，多到用一本书都写不完。

狄俄尼索斯，是古希腊神话中的酒神，奥林匹斯十二主神之一。狄俄尼索斯不仅握有葡萄酒醉人的力量，还因布施欢乐与慈爱在当时成为极有感召力的神，他推动了古代社会的文明并确立了法则，维护着世界的和平。

《酒神像》米开朗琪罗

此外,他还护佑着希腊的农业与戏剧文化。在奥林匹斯圣山的传说中他是宙斯与塞墨勒之子,又有说是宙斯与珀耳塞福涅。

狄俄尼索斯崇拜的起源很早,约在公元前 1500 年至前 1100 年之间,狄俄尼索斯信仰就已经在迈锡尼文明中盛行,在希腊化世界盛行。后来统一了地中海世界的古罗马人继承了希腊人的信仰体系,将其改称为巴克斯。伴随着罗马帝国的扩张,狄俄尼索斯的信仰传遍了西方世界。

传说他教人如何种植葡萄和酿出甜美的葡萄酒。据说他就这样漫游,从希腊到小亚细亚,甚至敢于冒险,远到印度和埃塞俄比亚。他走到哪儿,乐声、歌声、狂饮就跟到哪儿。他的侍从们被称为酒神的信徒,也因他们的吵闹无序而出名。他们肆无忌惮地狂笑,漫不经心地喝酒、跳舞和唱歌。在他的女性跟随者中间,最不受约束的是酒神祭司。她们在狂欢的气氛中,如醉如痴,舞之蹈之,一直伴随着他,从一个王国到另一个王国。

酒神节亦称巴克斯节,是希腊罗马宗教中庆祝酒神的节日,也就是庆祝丰产之神的节日。古希腊人祭祀狄俄尼索斯的节日可谓不少,光是在雅典就有五个为狄俄尼索斯而设的节日,分别为:乡村酒神节、城邦酒神节、奥斯克福里亚节、仲冬酒神节和花月节。其中以花月节最为隆重,它在每年的安塞斯特里翁月(今历的 2—3 月)的第 11—13 天举行。第一天为"开坛日",人们将上一年丰收时酿制的酒运到狄俄尼索斯圣殿供人品尝。第二天为"酒壶日",人们将狄俄尼索斯的神像或是装扮成狄俄尼索斯的人载在装有四个轮

子的车上游行,随后还要在布科里恩(字面意思为"牛棚")中举行狄俄尼索斯和执政官的妻子的圣婚。这意味着将统治者和公牛视为狄俄尼索斯的化身的观念,在当时仍非常流行。这一天还会举行喝酒以及其他各种各样的竞赛活动。第三天为"陶瓶日",纪念狄俄尼索斯的意味比较弱,主要是安抚阴间的亡灵。

在祭祀狄俄尼索斯的游行中最初只有妇女参加。早期狄俄尼索斯的追随者只是美惠三女神,后来他的追随者改为酒神狂女迈那得斯以及牧神潘、西勒诺斯、羊人萨堤耳等。参加酒神祭祀游行的妇女通常头戴常春藤冠,身披小鹿皮,手里拿缠着常春藤、杖顶缀着松果球的酒神杖,敲着手鼓和铙钹,扮成酒神狂女。

酒神祭祀游行带有狂欢性质。酒神的狂女们抛开家庭和手中的活计,成群结队地游荡于山间和林中,挥舞着酒神杖与火把,疯狂地舞蹈着,高呼着"巴克斯,呦呼"。这种疯狂状态达到高潮时,她们毁坏碰到的一切。如遇到野兽,她们会立即将其撕成碎块,生吞下去,她们认为吃了这种生肉就能与神结为一体。

亚里士多德在《诗学》中指出:古希腊悲剧源于狄苏朗勃斯歌剧和萨图罗斯歌剧,这两种戏剧原本都是狄俄尼索斯祭祀的组成部分。希腊悲剧则是整个西方文学与艺术的源头。从这个角度来说,酒神孕育了西方文学。

文艺复兴后,希腊罗马文明成果非常流行,狄俄尼索斯也成为受追捧的对象。这一时期出现了许多以酒神为题的艺术创作,如提香《酒神的狂欢》《酒神祭》、卡拉瓦乔《年轻的酒神》、鲁本斯《酒神巴克斯》、尼古拉·普桑《酒神的诞生》、威廉·布格罗《酒神的青春》、科内利斯·德·沃斯《酒神的胜利》等。

《酒神祭》中所描绘的情节，是在爱琴海基克拉迪斯群岛中的一个叫安德罗斯的小岛上，居民们正在纵情狂欢，饮酒作乐，谈情说爱和跳舞，以庆祝酒神的节日。画家借诸神饮酒的狂欢场面，表达人类的激情。画中人物形象大胆而放荡，色彩丰富多变，气氛热烈，群情激昂。

借助酒神，艺术家们挑战了神学权威，赞扬了人性，歌颂了自由，随之而来便是现代文明的兴起。这是酒神留给一千多年后的人们意想不到的恩赐。

酒是思想者

人是什么？我想几乎大多数人都会说："我不知道。"

酒是什么？我想几乎大多数人都会说："谁不知道？"

一个看似学者的大雅命题，一个看似醉鬼的大俗之举，风马牛不相及。一些学者会说，人只有在清醒的时候，通过思辨才能认识。真正的哲学家则会说：理性从来都是有局限性的，人能够通过生命的直觉来认识。换一种说法，饮酒可以让我们更加接近真实吗？

酒是思想者。19世纪的哲学家尼采抛出了这个石破天惊的命题。在尼采之前，黑格尔在《精神现象学》中已经用酒神崇拜来标志艺术发展的一个阶段，雅可比、布克哈特、荷尔德林、弗·施莱格尔、

瓦格纳也都谈到过作为一种审美状态的酒神现象或醉的激情。尼采在《悲剧的诞生》中解释希腊悲剧的起源和本质时加以发挥,阐发了酒神精神。他很为自己破天荒地把酒神现象阐发为形而上学而感到得意,自称为酒神哲学家。

尼采在谈到西方艺术源头的古希腊艺术时指出,希腊艺术的繁荣不是源于希腊人内心的和谐,而是源于他们内心的痛苦和冲突:因为过于看清人生的悲剧性质,所以产生日神和酒神两种艺术冲动,要用艺术来拯救人生。阿波罗(日神)原则讲求实事求是、理性和秩序,狄俄尼索斯(酒神)原则与狂热、过度和不稳定联系在一起。

尼采

在尼采看来,酒神精神下,艺术创作者本身也是一件艺术品。酒神精神的境界起源于类似酒神祭的狂欢。酒神境界的表现,是一种对个性原则的打破。通常来讲,人通常把自己剥离于自然之外,而在酒神精神的驱动下,人泯灭自我,打破个性原则,与自然本身统一。在狂欢状态下的酒神之境，体现了世界本身的矛盾与痛苦。在日神境界中的艺术行为有一定的自律性，这种自律性同样也体现在作品和生活中，而酒神境界中的艺术行为打破了这种自律性。

在尼采看来，酒神精神是一种最本源的艺术本体，它形成了自己的艺术谱系，即酒神艺术。它首先在原始的音乐中得到了最基本的表达。而真正的抒情诗也是以酒神精神为本源的，虽然它在外观上接近日神艺术。因为抒情诗是以自我为中心，而这个自我并不是经验现实的、清醒的自我。所有的酒神艺术都具有毁灭个体化原则而回归本原母体的痛苦与狂欢，它也是我们相信生存的永恒乐趣，不过不是在现象中，而是在现象背后的本质中寻找乐趣。

日神精神只能缓和人生的痛苦；不能为悲剧性的人生注入意义，而酒神精神是赋予人生意义的源泉。在尼采看来，悲剧美不在于其形式和外观，而在于在悲剧中，用艺术世界的审美眼光看待人生，可以体悟酒神精神，进而赋予人生意义。在日神和酒神的相互关系中，酒神因素显得更为重要。"酒神因素比之于日神因素，显示为永恒的本原的艺术力量。"在《悲剧的诞生》中，酒神冲动始终是占优势的冲动，以至于尼采有时候用酒神精神来指代整个悲剧精神，用酒神形象来象征世界意志本身。

在尼采看来，愈深刻的灵魂，愈能体会人生的悲剧性。但悲剧导致的是对于人生的肯定，它迫使我们采取乐观的生活态度。悲剧不是生命的镇静剂，而是生命的兴奋剂和强壮剂。悲剧的伟大力量就在于它能鼓舞、净化、激起人的全部生机。虽然人生是痛苦的，命

运是悲惨的,但是通过悲剧的狄俄尼索斯精神,生活便是快乐的,富有意义和价值的。我们还可以透过悲剧人物的毁灭瞥见永恒的生命力,从而体验到快感。

尽管人生是痛苦的,但却不能被痛苦所打垮;尽管死亡是注定的,但是决不能为死亡所征服。酒神精神以其永恒不屈的生命冲动,要求每一个活在这个痛苦的世界上的人都要做一个真正的人,都要扮演属于自己的英雄角色,都要成为自己生活中的俄狄浦斯和普罗米修斯。

没有痛苦,人只能有卑微的幸福。伟大的幸福正是战胜巨大痛苦所产生的生命的崇高感。痛苦磨炼了意志,激发了生机,解放了心灵。这就是正视痛苦,接受痛苦,靠痛苦增强生命力,又靠增强了的生命力战胜痛苦。对于痛苦者的最好的安慰方法是让他知道,他的痛苦无法安慰,这样一种尊重可以促使他昂起头来。

生命力取决于所承受的痛苦的分量,生命力强盛的人正是在大痛苦袭来之时格外振作和欢快。英雄气概就是敢于直接面对最高的痛苦和最高的希望。热爱人生的人纵然比别人感受到更多更强烈的痛苦,同时也感受到更多更强烈的生命之欢乐。与痛苦相对抗,是人生最有趣的事情。

尼采的酒神理论,深入剖析了人心中的无意识领域,颠覆了西方的道德思想和传统的价值,揭示了在上帝死后人类所必须面临的精神危机。他把欧洲人面临的价值真空指给全体欧洲人看了。在他的时代,这种揭示或许被人看作危言耸听,可是到了 20 世纪,群众们愈来愈强烈地感觉到这种价值真空，愈来愈频繁地谈论起"现代人的无家可归状态"了。

雅斯贝尔斯说，尼采给哲学带来了颤栗。现代西方思想界纷纷谈论人的异化，强调自我的重要性，都可以追溯到他。遍及当代世界的强大的非理性主义文化潮流，如现代派文学、精神分析学、存在主义、现象学运动等等，带来了当代文化的繁荣。尼采是首创者，酒神是背后那个捏塑的天神。

庄子的寓言

在中国，酒神精神以道家思想为源头。

中国人虽然不在神庙里崇拜酒神，但却不乏一些与酒有关的文学艺术。古代中国的文人大多嗜酒，也都喜欢庄子，这两者有一种内在的联系。

在庄子之前，人们虽然没有对酒进行形而上学的思考，但也认识到了酒与自然的关系。中国文化崇尚自然。作为中国哲学的源头，《老子》认为："天乃道，道乃久。"而酒，自古就是表达人与"天"的情感相通的重要媒介，"天人交感""同类动"的精神潜藏，均通过"酒"这一媒体得以实现与完成。

论及酒的哲学，最为突出的哲学征象，莫过于酒所特具的"水与火"的阴阳理念与辩证法则。酒，形似水，其性柔也，"上善若水"，老子借水之柔性谈人性本真与处世之道。"酒水"其形虽柔，却充满

《醉眠图》(清)黄慎

刚烈之火。在中国丰富的酒文化中,酒以辩证的方式不断演绎着自身的故事,尤其是在哲学的层面上,为古今的人们提供了许多可资借鉴的思想范例。表现着宇宙的生命法则,亦柔亦刚、亦阴亦阳、一张一弛、一乐一悲。

庄子像

庄子,名周,宋国蒙人(今安徽亳州蒙城人)。庄子是中国历史上第一个系统探讨酒神精神的人。崇尚自由、向往自然的庄子是中国文人精神的开创者,他对于饮酒也情有独钟,还给予世人富于哲思的训诫。

以孔子为代表的儒家认为饮酒目的在于礼仪需要,《礼记·礼运》曰:"礼之初,始于饮食"。庄子则另有高论,《庄子·渔父》云"忠贞以攻为主,饮酒以乐为主",甚至"饮酒以乐,不选其具"。在庄子看来,饮酒的目的就是使人欢乐,酒具陈设怎么样都无所谓,人应当保持自己天赋纯真的本性,不为世俗所拘束。

《庄子·叶公子高将使于齐》将饮酒比处事,并谈到饮酒者的"三部曲":"以礼饮酒者,始乎治,常卒乎乱,泰至则多奇乐。"意思是说,严格遵循礼仪饮酒的人,开始时规规矩矩,到后来常常就一片混乱,大失礼仪;酒喝到过量时则忘记一切凡事,放纵无度。饮酒之后,人们忘记了彼此的隔阂和矛盾,表达真实的情感,这正是酒的神力所在。

庄子云:"且夫乘物以游心,托不得已以养中,至矣。"人只有遵循自然的规律和法则,才能实现精神的逍遥和自由。《庄子·达生》提出了"醉者神全"的观点。庄子云:"夫醉者坠车,虽疾不死。"人们在醉酒之后,他的精神无限集中,生死荣辱所有世俗的繁累都不能进入精神之中,即使遇到危险也不会惧怕。即使从车子上摔下去,也会毫发未损。

酒可合人群之欢,随着醉者自主消弭彼此界限,醉者与未醉者

分裂为两个世界。醉首先敞开的是人的有限性。目之所视,耳之所闻,口之所尝,体之所触,心之所思,皆有确定的边际。饮酒而不醉,或以微醺为目标的人在此边界内生存,以各自的边界自制自限,甘心做一个有限的存在者。醉者则愿意越出自身的边界,漫游、领略边界之外的、自由平等的世界。眼睛不再注目于形色,耳朵不再沉溺于声音,口舌不再留恋滋味,他们都被酒聚集在一起,离开身体,不断升腾。酒所充实的身体与酒一样充满力气与勇气,无身而不再有内外,人与物的界限由此虚化而隐没。

醉酒后精神越发高涨,思路更加狂放,更为接近精神的真实状态,以至于"死生惊惧不入乎其胸中"。并由此得出结论:"彼得全于酒,而况得全于天乎?"饮酒能够让人超脱凡俗,实现精神的保全凝聚。从这个角度来说,庄周梦蝶很可能就是酒后庄子精神逍遥的产物。

要求自由是人的本质。庄子把人不自由的理由——必定性的束缚,本质上归结为对心灵的束缚。在他看来,人之所以不自由,不是源自于外,而是源自于内,源自于个体心灵的自我束缚。庄子的逍遥哲学是从"有待"(有所依靠)到"无待"(无所依靠)的一个渐进过程,其中关于"有待"有很多种方式,大部分是"技术性"的,而只有一种方式不涉及"技术性",那就是"饮酒"。"醉者神全"体现出一种个人追求自由的层次递进的过程,进而最终超越主观和客观的对立,达到一种剥落现象本体的绝对自由境界。

后世文人竞相效法庄子的酒道,以饮酒实现个人精神与创作的升华。有道是"十诗九言酒，无酒不成诗"。苏轼有感于心，亦云："惟有醉时真，空洞了无疑。坠车终无伤，庄叟不吾欺。"辛弃疾则有"醉时拈笔越精神"的警句，这都是为了实现自由而产生的"醉的自觉"。

庄子在《庄子·杂篇·寓言重言卮言》中提出的"三言"历来为人津津乐道。"卮"是古时的饮酒器，形制酷似酒杯。"卮言"不就是酒后之言吗？无论是重言、寓言还是卮言，庄子都是从无己、无功、无名的精神状态中表述的，这是酒后思维偾张的必然现象。卮言实在是酒后自我精神的自由流露，即酒后随着主观意识而毫无节制、发自自然的思想言论，"因以曼衍，所以穷年"。

故后人常用卮言，作为对自己著作与文章的谦辞。卮言乃饮酒后个人思想最为本真的流露与释放，这才是语言应该有的表达。所以庄子认为酒后的话才是本真的，才符合自然之道，才可以统领其他言论。

唐代著名诗人王绩在《祭杜康新庙文》中指出："眷兹酒德，可以全身。杜明塞智，蒙垢受尘。"认为酒可以全身、杜明、塞智，使人放弃不必要的牵绊，这与庄子强调的"绝圣弃智""贵身重命"是一脉相承的。

不讲庄子，就完全无法理解"竹林世贤"，无法理解阮籍之《酒狂》中所说的"不妨一斗需百钱，飘飘醉舞飞神仙。及时行乐也当留连，人生不饮也胡为然"，无法理解欧阳修在《醉翁亭记》所描绘的"醉翁之意不在酒，在乎山水之间也。山水之乐，得之心而寓之

酒也"。

试想一下，人在等级森严、酒规严苛的饮宴中，又怎么能得到快乐呢。庄子以此批判繁文缛节对人性的扼杀，号召回归到本真的精神状态。饮酒以乐、饮酒贵真，这在今天仍有宝贵的借鉴意义。今人以喝酒应酬为苦，庄子却为乐，原因正是今人忘记了饮酒的"真"字。在庄子看来，既然喝酒，自然要好好喝酒，放下彼此的隔阂，不必讲究太多繁文缛节，真喝酒、说真话，获得真正的快乐。

自庄子开始，后世将醉作为描述酒后状态的范式，比如醉酒、醉生梦死、纸醉金迷等，文人墨客更是注入了不少新意，例如，常用的词语有"醉心""陶醉"，誉称有"醉圣""醉侯"，书法有"醉墨""醉帖"，娱乐有"醉舞""醉拳"，词曲牌名有"醉花阴""醉东风"，植物有"醉西施""醉美人"，美食有"醉鱼""醉枣"等等。

这些以醉为美的词汇进入社会，流行于人们的日常生活，这也是中国酒文化长盛不衰的重要因素。

第七章

钢铁、火药与酒

葡萄美酒夜光杯,欲饮琵琶马上催。

醉卧沙场君莫笑,古来征战几人回?

——(唐)王翰《凉州词》

酒的刀锋

中国军人自古尚酒,早就与酒结下了不解之缘。

出征酒、壮行酒、凯旋酒、庆功酒……酒似乎已经成为军事文化的一个特色标签。没有酒,就没有沙场上将士的刀锋。鸿门宴、杯酒释兵权……酒文化在数千年的历史长河中早已流入中国人生活的细枝末节,军队也不例外。

《周礼》说:"以军礼同邦国。"先秦时期的重大礼仪活动包括邦

国之礼、哀丧之礼、宾礼、军礼等，均由大宗伯执掌。宗伯是古代六卿之一，专门管国家祭祀典礼的。前面我们讲了，凡举行大的礼节仪式，都要用上等酒。

如果酒出了问题，甚至可能会引发战争。《庄子》记载了"鲁酒薄而邯郸围"的故事。楚宣王会见诸侯，鲁恭公后到，并且送的酒很淡薄，楚宣王很不高兴。恭公说："我是周公之后，勋在王室，给你送酒已经是有失礼节和身份的事了，你还指责酒薄，不要太过分了。"于是不辞而归。宣王于是发兵与齐国攻鲁国。魏惠王一直想进攻赵国，但却畏惧楚国趁虚而入，这次楚国发兵攻鲁，便不必再担心被人背后下手了，于是放心大胆地发兵包围邯郸，赵国因为鲁国的酒薄不明不白地做了牺牲品。

古代出征、会盟之时，也要用酒激励士气，以壮军威。秦穆公征伐晋国，渡河时，欲犒劳出征之师，而醪酒只有一钟。蹇叔劝他说："可投之于河而酿也。"于是秦穆公将这一钟酒投于河水中，三军共饮。越王勾践欲洗会稽之耻，将酒醪投于江水之中，与将士同醉。

《三国志》上也记载了许多以酒激励士气的例子。建安十八年(213)，曹操进军濡须口(今安徽巢湖市南)，饮马长江。孙权密令甘宁夜袭曹营，挫其锐气，为此特赐米酒。甘宁选精锐一百多人共食。吃毕，甘宁用银碗斟酒，自己先饮两碗，然后斟给他手下都督。都督跪伏在地，不肯接酒。甘宁拔刀，放置膝上，厉声喝道："你受主上所知遇，与甘宁相比怎样？我尚且不怕死，你为什么独独怕死？"都督见甘宁神色严厉，马上起立施礼，恭敬地接过酒杯饮下。然后，斟酒给士兵,每人一银碗。至二更时,甘宁率其裹甲衔枚,潜至曹操营下,拔掉鹿角,冲入曹营酣战。

夜色中的曹军受到惊动,误以为东吴大军来袭,不久之后便退兵了。从此,孙权对甘宁更加看重,并称赞道:"孟德有张辽,孤有兴霸,足相敌也。"

早在汉代,一些政权就以酒作为奖励战功的手段。《史记》中记载匈奴人"其攻战,斩首虏,赐一卮酒"。用酒犒赏将士,常比其他赏赐更能发挥激励作用。传说霍去病出征河西有功,汉武帝送美酒以示嘉奖。霍去病将御赐美酒倒在一眼泉水中,与全军将士共饮。后人为了纪念这次深得军心的举动,将这里命名为酒泉。

酒泉霍去病西征群雕

统治阶级在从事军事活动时常歃血饮酒而结盟,农民起义的首领们在起义前也用歃血饮酒来发动和组织起义。北宋末年,方腊在起义前,"众心既归,乃椎牛洒酒……百余人会饮,酒数行"后,[1]

①《青溪寇轨》。

才进一步发动和组织起义。"椎牛洒酒"就是歃血饮酒。

满族在入关之前，每逢出征，必先于祭神之处拜天，祭时也用酒肉；入关以后，每年夏历二月初一日、十月初一日，还祭坤宁宫的杆神（宫的西南有神杆），皇帝和皇子全冲着西南坐，每人面前都放着一盅酒、一盘肉，祭毕即饮酒、吃肉。

酒与英雄

酒"善助英雄壮胆"，的确不假。刘邦斩蛇和武松打虎等，都表明酒确实能给人增添斗争时的勇气。"一语相投解宝刀，少年意气悔吾曹。酒香花气沙场血，半在诗襟半战袍。"适量饮酒，有助于人们作战杀敌。

刘邦的胆子并不很大，但《史记》记载："高祖被酒，夜径泽中，令一人行前。行前者还报曰：'前有大蛇当径，顾还。'高祖醉曰：'壮士行何畏！'乃前，拔剑斩蛇。"这时，酒兴助他勇敢地斩了白蛇，发动起义。

战场上，烈酒更显英雄本色。

典韦被曹操誉为"古之恶来"，好饮酒，天生神力。据《三国志》记载："好酒食，饮啖兼人，每赐食于前，大饮长歠，左右相属，数人益乃供，太祖壮之。"曹操任命典韦为都尉，安排在自己身边，让他带领亲兵几百人，常绕大帐巡逻。典韦本人强壮勇武，带领的人又都是挑选出来的精兵，每次作战，经常是最先攻陷敌阵。他喜好酒食,吃喝都是别人的两倍,每次太祖赐他酒食,他总是纵情吃喝,在旁侍候之人相继给他端酒添菜,需要几个人才能供应得上,曹操认为他非常豪壮。典韦好用大双戟与长刀等兵器,军中给他编了军谚说:"帐下壮士有典君,提一双戟八十斤。"

五代时期名将王茂章骁勇刚悍,略无威仪,以好酒闻名。

天复三年(903),朱温率军二十万攻打青州。守将王茂章闭垒表示胆怯,等待朱温军怠惰,毁栅而出,驱驰激战,战斗正酣,突然退却,与诸将饮酒,然后再战。朱温登高望见,问青州降兵:"饮酒的人是谁?"回答说:"王茂章。"朱温叹气说:"我若能得此人为将,天下不难平啊!"

酒与侠客

"荆轲饮燕市,酒酣气益震。"既是借古抒怀,又描写了荆轲酒后的豪情壮志。《史记》中记载了很多传奇的刺客,他们的英雄事迹也往往与酒有关。荆轲嗜酒,与燕国善击筑的高渐离常饮于燕市,"酒酣以往,高渐离击筑,荆轲和而歌于市中,相乐也。已而相泣,旁若无人者……"作为一个胸怀大志又沉沦不遇的侠士,他这样做既是倾吐内心的郁愤,也是借酒力来呼唤知遇。当燕太子把行刺秦王的使命交给他,在易水边上摆下酒宴践行,他就挥剑长歌:"风萧萧兮易水寒,壮士一去兮不复还"。

聂政是另一位战国时期的著名刺客。

他因为杀人,和母亲、姐姐逃到齐国隐姓埋名,以杀猪为生。韩国的严仲子与侠累有仇,希望聂政出面为他报仇。去了多次,聂政始终不答应,聂政表示母亲健在,如果自己行刺,无人再给母亲养老送终。严仲子于是备上好酒,带着黄金百两为其母祝寿,其后多次关照聂家的生活。过了一段时间,聂母去世,聂政为了报恩而领命。到了韩国后,侠累正坐在堂上,两边都是甲士。聂政毫不畏惧,提剑上前,杀死侠累。为了不连累他人,完成任务后他便自杀。

酒是什么?是舍身的血性,也是勇敢的号令。适量饮酒能够激发军队的激情与胆略,鼓舞军队的士气。酒与勇气的故事,还将继续。

酒场如战场

以酒谋局,才是酒的文化属性。

再醇的美酒,如不赋予其交际的介质功能,那也只剩独饮的寡

油画《鸿门宴》(王宏剑)

淡了。酒局如战场,入了酒局就开始了一场有关事业、地位、财富、心性、计谋与情感等的较量。有人因酒成功,有人因酒失败,酒局中的硝烟一点不比战场差。

这其中,最为人熟知的例子是鸿门宴。秦末农民战争时,刘邦率先入关灭亡秦朝,但实力却不如后入关的项羽。项羽在鸿门宴请刘邦,意图在酒宴上杀死他。两家在宴会上斗智斗勇,刘邦最终侥幸逃脱。

除了鸿门宴,历史上还有很多以酒为武器的例子。公元前 475年,赵简子刚刚入葬,他的儿子赵襄子尚未来得及除去丧服,便到北边登上夏屋山,请来代王,请名厨掌勺款待代王及他的随从,酒过三巡,赵襄子暗使宰人杀代王和他的随从,接着趁机发兵入侵代国,代国群龙无首,乱成一粥,不费吹灰之力便被拿下。

公元前 341 年,秦国大举攻魏。两军对峙时,商鞅派使者送信给公子卬说:"我当初与公子相处得很快乐,如今你我成了敌对两国的将领,不忍心相互攻击,我可以与公子当面相见,订立盟约,痛痛快快地喝几杯然后各自撤兵,让秦魏两国相安无事。"公子卬赴会时被商鞅埋伏的甲士俘虏,商鞅趁机攻击魏军,魏军大败,被迫献河西的土地求和。

公元前 279 年,秦昭襄王想集中力量攻打楚国,为免除后顾之忧,主动与赵国交好,约赵惠文王会于渑池。席上,秦王酒喝得很畅快的时候,对赵王说:"我听说您喜欢弹瑟,请弹一曲给我听听。"赵王就在筵席上弹了一曲。秦国的史官走上前来,写道:"某年某月某日，秦王与赵王会饮，命令赵王弹瑟。"蔺相如上前对秦王说："赵王听说秦王擅长秦国的音乐，现在我奉献盆缶，请秦王敲敲以相娱乐。"秦王怒，不肯答应。蔺相如捧着盆缶上前，跪着献给秦王。秦王还是不肯敲。蔺相如说："我跟大王的距离不满五步，大王要是不答应我的请求，我可要把颈上的血溅到大王身上了！"秦王的侍卫们要杀蔺相如，蔺相如瞪起眼睛，大声呵斥他们，吓得那些人直向后退。秦王很不高兴，只得勉强在缶上敲了一下。蔺相如回头叫赵国的史官写道："某年某月某日，秦王为赵王击缶。"秦国的群臣说："请赵王送十五座城给秦王作为献礼。"蔺相如也说："请秦王把国都咸阳送给赵王作为献礼。"直到酒筵完毕，秦始终不能占赵的便宜。

《三国演义》中记载了许多计谋，都与酒有关，可谓是无酒不成谋。第十四回，曹操用二虎竞食之计离间刘备与吕布的关系，先设计把刘备引向淮南进攻袁术，给吕布进攻徐州留下机会。刘备走后，张飞率人驻守徐州。他不听劝告，聚众豪饮，不仅把自己喝醉了，还把吕布的老丈人、不善饮酒的曹豹暴打了一顿。曹豹很生气，当即就给吕布传信，让他趁虚而入。吕布和曹豹里应外合攻进城后，张飞还因酒醉睡大觉，被惊醒后，慌忙披挂迎战，结果因为酒后乏力战败，被迫弃城逃跑，连刘备的老婆家眷都被吕布控制。

张飞的这次因酒误事，把刘备辛辛苦苦才得到的根据地徐州丢掉了，这也是刘备第一次步入事业的低谷。此外，还有很多与酒有关的故事，比如曹操醉酒失典韦、淳于琼醉酒失乌巢、蒋干盗书、青梅煮酒论英雄等。

建兴五年(227),诸葛亮北驻汉中,预备北伐事宜,因此往汉中大量输送军资物品,山贼张慕在广汉、绵竹一代兴风作浪,劫掠军资。蜀汉名将张嶷率军讨伐,山贼得知后,四散山林,张嶷无法通过战斗将其擒获,于是骗他和亲。张嶷置办酒席,邀张慕来赴宴,席间趁张慕酒醉之际,张嶷率领左右,将张慕及其部下五十余人斩杀,汉中的山贼最终被平定。

西晋的李矩足智多谋,善于应变。公元317年,前赵皇帝刘聪派遣堂弟刘畅率军三万攻打荥阳。刘畅的军队突然到达,李矩来不及设备防御,于是派遣使者见刘畅,送上牛肉和酒,诈称愿降,并把精锐之卒隐藏起来,只让他看到一些老弱残兵。刘畅不再防备,大肆设宴犒劳将士,主要将领都喝醉了。李矩打算乘夜偷袭,但手下士卒前赵军众多,都心存畏惧,李矩便派郭诵到郑子产祠祈祷,让祠中巫师扬言说:"郑子产神灵告知,到时会派遣神兵相助。"将士们听后,无不奋勇争先。李矩让郭诵和督护杨璋挑选勇士一千人,突然袭击刘畅军营,缴获大批铠甲战马,斩杀数千名前赵军士兵,刘畅只身逃出,仅免于死。

也有人酒宴上施计不成,聪明反被聪明误。在南朝名将王僧辩的手下,有一个得力干将叫张彪。侯景之乱中,有个叫赵稜的人从侯景的阵营投奔张彪。可是,这人很快反悔了,想重归侯景。赵稜精心设计了一个阴谋,先请张彪喝酒,假借歃血为盟来杀死他。酒酣之时,赵稜先用刀自刺以宣示,张彪没有迟疑,也把刀自刺,赵稜趁机上前连刺他。张彪中计倒下,赵稜随即要求部下跟随他投奔侯

景。听了赵稜的话,张彪的部下韩武冲进房间。他看到,张彪倒在血泊中。他放声大哭。只听张彪用微弱的声音告诉他:"我还活着,杀了赵稜。"原来,张彪只是重伤而已。韩武随即出门杀死了自鸣得意的赵稜。

古人云:"酒犹兵也。"酒场如战场,酒中的刀光剑影,酒中的智慧计谋,真比刀剑还要锋利。

酒场如战场,贵在一个"拼";酒品见人品,贵在一个"真"。酒,见证了历史长河的人人事事。

特殊的军粮

古人云:兵马未动,粮草先行。军队后勤一直为历代王朝所重视,吃好穿好是战斗力的基本保证。否则,轻则战败,重则兵变。在古代中国,除了肉食与粮食外,酒也必不可少。

由于卫生与供给的限制,古代军人想要喝到干净的水源是一件很困难的事情。有人可能会说:难道不能生火做饭,喝热水么?由于缺乏保温器具,古人一直没有喝热水的习惯。行军打仗,兵贵神速,更没有这种条件。酒就成了唯一的饮料。

出土的汉简中有大量戍卒饮酒的记录,比如几个戍卒"四人同饮";或者到别的哨所聚会,"私去署之它亭聚会奉饮",与汉代饮酒风气相呼应。事实上,与现在一样,喝酒误事的也不在少数。比如一位边吏"坐劳边使者过郡饮適盐卌石输官",因为喝酒被巡视人员抓住,被罚向政府缴纳四十石盐。

酒的来源,主要依赖临时采购与朝廷赏赐。但一些长期驻防的军队,往往有随军酿酒师。边疆出土的汉简中有大量带有"麹"的文字,"麹"通曲,即酒曲,是酿酒的原料。比如"出麹三石,以治酒之酿""凡酒廿,其二石受县,十八石置所自治酒"等,可以佐证边疆军队是自己酿酒的。

《晋书》载阮籍"闻步兵厨营人善酿,有贮酒三百斛,乃求为步兵校尉"。阮籍听说军屯所的人善于酿酒,于是便要求出任步兵校尉之职。由此可见,古代军队有专职酿酒人员。据史料记载,唐朝的边防士兵除了黄酒和米酒,还饮用葡萄酒、三勒浆。

著名的军事家曹操就是一位酿酒大师。建安元年(196)九月,曹操向汉献帝进献九酝春酒,并把酿造方法详细地记录在《奏上九酝酒法》中。

　　臣县故令南阳郭芝,有九酝春酒。法用曲二十斤,流水五石,腊月二日渍曲,正月冻解,用好稻米,漉去曲滓,便酿法饮。曰譬诸虫,虽久多完。三日一酿,满九斛米止,臣得法,酿之,常善;其上清,滓亦可饮。若以九酝苦难饮,增为十酿,差甘易饮,不病。今谨上献。

九酝酒法通过控制投曲和投粮的比例和时间来控制酒的酒精度,其用曲量只有原料米的3%。这表明当时已利用根霉酿酒了。根

霉能在醅中不断地繁殖,不断地把淀粉分解成葡萄糖,酵母则把葡萄糖变成酒精。实际上,"九酝酒法"已是现代蒸馏酒常用的霉菌深层培养法的雏形。

"三日一酿,满九斛米止",就是将原料分散地进行投放,这和今天的连续投料方法如出一辙。即在酒醅中通过不断投入若干比例的原料,经过糖化分解,补充酒醅中的糖分,使得酵母菌能够保持在理想的比例,从而提升酒的酒精度。

这种酿酒方法至今仍然被安徽的古井贡酒使用,并于 2018 年,被吉尼斯世界纪录评为"世界上现存最古老的蒸馏酒酿造方法",中国酒的历史地位获得了国际认可。这个伟大的荣誉,大概是军事家曹操最为意想不到的收获,曹操也因此被当地人尊为白酒的酒神。

除了古代中国,以酒作为军粮也是世界各国的共识。征服了地中海世界的罗马军团,如同中世纪的欧洲人一样,把酒当水来喝。在与安条克三世的作战中,运送到罗马军队中的葡萄酒的数量是如此之多,以至于需要很多艘货船运送。由于运送的船沿途耽搁,当地人被迫提供五千桶酒给罗马驻军。罗马士兵最重要的饮品是酸酒或醋,因为它们能预防坏血病,成为罗马士兵的标配物品。在英国发现的罗马军团营地遗址中,还配有专门的酿酒与储酒区域。

在现代军队中,酒的供应更为系统广泛。第二次世界大战期间参战各国的军粮中都有酒的配给,为了喝酒,交战双方想了各种匪夷所思的办法。

英国专门为此成立了啤酒委员会,在战场各处运送和生产啤酒。为了解决这个运输上的问题,英国人是想尽了各种办法。在诺曼底战役中,盟军刚刚占领了滩头,英军飞机便在海岸线边上开始空投大量的啤酒。由于是从高空中运输过来的,就如进过冰箱一般,还有了不错的口感。为了保证啤酒的供应,到了战争后期干脆计划生产专门酿造啤酒的船只,这样就可以就地发放到军队中。

领取威士忌的英国海军

苏军在战争中消耗的酒类超过了 2.5 亿升,这一天文数字完全源于对历史的传承。俄军从 17 世纪便开始配发伏特加,直到 20 世纪 20 年代,酗酒才被视为恶习。和平时期,酒精管制可以通过军纪维持,军营生活也比较轻松,所以军队对酒并没有迫切的需要。但随着战争爆发,布尔什维克也被迫向传统屈服。1939 年,苏军进攻芬兰,气温降到零下 40 度,后勤部门无法提供高热量食品,只能将希望寄托于酒。

当时一份命令写道:"每名士兵每天配发 100 克伏特加,坦克兵加倍，但禁止在战前过量饮用。"此后便一发不可收拾，德军入侵后，斯大林决定将制度向全军推广。在当时，此举的考虑可谓非常现实：酒精可以引起兴奋，从而赋予士兵超常的忍耐力，带来的神经麻痹也可以帮助新兵克服恐惧。另外，在恶劣环境中，酒还可以作为水的替代品，其中含有的酒精可以将一部分致病的微生物和细菌清除。这些"特别给养"通常由专列运送，并在军、师级仓库统一分配，并在后方将装瓶送往部队。值得一提的是，酒瓶本身也是一种武器，它们制作的燃烧瓶可以对付坦克。

饮酒的苏联红军

1944 年后，随着苏军跨出国境，他们享用的酒类清单发生了重大改变。东欧国家普遍种植小麦，这一点极大影响了苏联红军酒类的消费清单。一些部队还开始试制苹果酒和玉米酒，至于缴获的威士忌和白兰地则被集中起来，作为指挥部的特别奖励下发给有功者；苏联空军也发明了一种叫"液态底盘"的酒精饮料，其做法是用飞机制动液中的酒精勾兑山莓汁。

对于德军而言，酒比元首更迷人。政府配给的酒无法帮助士兵挨过战争，他们开始自行购买，甚至抢夺美酒。纳粹第三号人物——陆军元帅凯特尔承认，德军"对于道德和纪律的最为严重的违反"就是纵酒。正是酒精的作用，导致了部队发生"内部争斗、意外事故、虐待下属、暴力对抗上司，甚至包括违背人性的性犯罪"，"酒让军纪荡然无存"。

德军对法国的占领，甚至影响了今天的葡萄酒行业。法国是传统的葡萄酒产区，尤其以勃艮第、波尔多、香槟和阿尔萨斯闻名。1940年，法国投降后，各个主要葡萄酒产区被强令向纳粹德国进贡大量的葡萄酒。在勃艮第占领地，德军发布了这样一条规定：除了一级的葡萄园出产的酒需要购买外，其他的葡萄酒德军可以自由占有、饮用。由于库存被大量清空，战后，法国葡萄酒的价格大幅上涨。

为什么今天的川酒是中国白酒生产最为集中的地方？说起历史渊源还与抗战有关。抗战期间，中国国内没有大的油田，加之日寇封锁，燃料极为匮乏。酒经过提纯之后可以获得酒精，1吨酒精大约可代替0.65吨汽油，转换比还不错。国民政府在四川等西南省地建立了两百多家酒厂，如四川第一酒精厂（内江）、四川第二酒精厂（资中）、四川第三酒精厂（简阳）、云南酒精厂（昆明）、贵州酒精厂（遵义）、乐山酒精厂等，这些厂每年都能提供几百万加仑的燃料。新中国成立，这些企业不再提纯酒精，继续生产白酒，成为了今天川酒繁荣的历史基础。

战争改写了人类的历史，也改写了酒的历史。不论历史如何变

迁,酒都是一件很伟大的创造,它能让人们忘记仇恨敌对,一起开怀畅饮,一饮泯恩仇,共享美好的时光。

皇帝的两难

酒是社会风气与经济规模的晴雨表。

中国历史上,对酒的禁而不绝,生动的书写了皇帝的两难。

周人灭亡商朝后,发布了中国历史上第一个"禁酒令"《酒诰》。《酒诰》主要包括几个方面:第一,只有祭祀的时候才可以饮酒;第二,饮酒之时需要用道德约束自己不要喝醉;第三,要减少酿酒;第四,有人聚众饮酒,要全部捉拿,将他们处死。从《酒诰》可以看出,这个"禁酒令"立法目的有两个:一是防止误国,二是保护粮食。惩罚措施也很严厉——极刑。

西汉初年,丞相萧何曾颁布法令"禁群饮","三人以上无故群饮酒,罚金四两"。这主要是为了防止民间私斗,节省酿酒粮食。西

耳杯

汉景帝中元三年(前147)、东汉和帝永元十六年(104)、顺帝汉安二年(143)先后下令禁酒。但在一般正常年景,虽有禁酒令,但执行不严,实际上是明禁暗不禁,禁"民"不禁"官"。

到了三国时期,各路势力的"禁酒令"一时间五花八门,层出不穷,出现了很多趣事。

吕布偷袭刘备得了下邳城,却被曹操军队包围。为防止部下饮酒误事,吕布特别颁布了"禁酒令",军中任何人不得饮酒。手下大将侯成等人因找到了走失的马匹,私自酿酒并进献吕布,以示庆祝。不料吕布翻脸不认人,将酿酒的诸将统统责打一顿。侯成等将军因此心怀怨念,趁吕布睡觉之时将其捆绑,然后献城投降。吕布做梦都没想到,自己竟然会因为"禁酒令"得罪了诸将,沦为阶下囚。

东汉建安十二年(207),发生了饥荒,曹操下令禁酒。喜爱饮酒的孔融第一个跳出来反对,写下了《与曹丞相论酒禁书》。

他说:"天上有酒星,地下有酒泉,人间有旨酒,可见酒于天、地、人,皆重要无比不可或缺。且让我们看看历史上那些伟大的人物吧。如果尧帝没有饮过千钟酒,那他就不可能建立太平社会;如果孔子不能饮百斛酒,那他就不可以被称作圣人的。再说樊哙,如果没有豚肩和酒,他就不会在鸿门宴上奋起舞剑;义士们私养赵氏孤儿,后来让他恢复地位,全仗那一卮酒所激起的雄气。而汉高祖若不醉酒,就没法斩杀白蛇开创一代帝业;汉景帝若不醉幸唐姬,也就谈不上什么中兴;再说袁盎呢,若没有醇酒的力量,他肯定不

能逃脱性命;于定国若没有一斛的酒量,大概也无法清醒正确地断案执法。所以说,高阳酒徒郦食其著功汉朝,全都是他能饮酒的缘故。相反的,屈原不能饮酒,方使他在楚国遭遇窘困。由此看来,酒啊,它是不可以为政治上的错误担负罪名的呢!桀纣因为好色而亡国,怎么没见禁止婚姻呢?"

曹操收到这封"论酒禁书",当然要予以回答。今天我们已无缘一睹曹操的回信,但却能有幸读到孔融的再答。在"再答"中孔融说道:

> 昨承训答。陈二代之祸,及众人之败,以酒亡者,实如来诲。虽然,徐偃王行仁义而亡,今令不绝仁义;燕哙以让失社稷,今令不禁谦退;鲁因儒而损,今令不弃文学;夏商亦以妇人失天下,今令不断婚姻。而将酒独急者,疑但惜谷耳。非以亡王为戒也。

如果说孔融的第一封书信,其文字还能让曹操当"花枪"来欣赏的话,"再答"的文字一下子就刺中了曹操的命门。且看:"而将酒独急者,疑但惜谷耳。"说得没错,曹操之所以禁酒,就是为节约粮食,用于战争。这似乎牵扯到了"军事机密",孔融最终被杀,禁酒令也无疾而终。

刘备刚入蜀之时,为了筹措军粮,颁布了严厉的"禁酒令",严禁藏有酿酒器具,禁止民间酿酒。谋士简雍知道了这件事,便想着找个机会劝谏刘备。有一次他们一起外出,旁边走过去一男一女,简雍指着他们说:"这两个人通奸,请主公把他们抓起来。"刘备很疑惑:"这两个人看起来普普通通,为什么你就这么肯定呢?"简雍说:"这两个人都有作案的器具。"刘备哈哈大笑,继而又惭愧起来。

北宋秘色瓷执壶

隋、唐、五代、宋、辽诸代基本上不禁酒。唐代只有在乾元二年(759)、建中元年(780)和建中三年(782),因为岁饥,才一度禁酒。

元代的"禁酒令"很有意思,因为成吉思汗最讨厌饮酒误事,所以,元代前期对民间的"禁酒令"非常严苛。元世祖在1283年宣布严禁私人酿酒、卖酒,"有私造者,财产子女入官,犯人配役",在1290年又将处罚变更为"犯者死"。然而,元朝统治者却大力发展官酿,以酴酒而闻名。

明代开国皇帝朱元璋以"民间造酒靡费,故行禁酒令",颁布诏书令国民"无得种糯,以塞造酒之源",连酿酒的糯米都不许种植。

朱元璋执行"禁酒令"非常严苛,大将胡大海之子因触犯了"禁酒令",朱元璋不顾胡大海出征在外,亲自手刃犯人。自此以后,无人敢再犯。但随着朱元璋的离世,"禁酒令"很快就被后人遗忘,一切照旧了。

清代最著名的"禁酒令"和对禁酒的争论发生在乾隆年间。乾隆元年(1736),内阁学士方苞向年轻的乾隆提出针对西北五省(直隶、河南、山西、陕西、甘肃)的"禁酒令",理由有两点:一是这五省本来就穷,每年还浪费"数百万石粮食",酿酒是不对的;二是这五省百姓酒后犯罪率太高了,"载在秋审之册,十常二三",也就是说十之二三的重大案件都和喝酒有关系。

乾隆考虑了大半年后,冒失地出台了一个圣旨,令这五省"永禁造酒",并将如何处置私酿酒的人和违法官员的办法,交给大臣们商量。这个圣旨一下,朝野沸腾,反对声不绝于耳。当时的刑部尚书孙嘉淦首先表示反对,他的理由是,烧酒用的是粗粮,黄酒用的是细粮,一旦禁酒,那些粗粮无法储备,而且可能衍生腐败和走私。乾隆旋即诏告五省主政大员进行讨论,结果是这五省长官都反对"一概禁止"的做法。乾隆采纳了他们的建议,改变了诏令,变更为禁止大规模的酿酒活动,受灾之年这些地方减少酿酒等措施。

历代禁酒令的失败,证明了一点,作为人类社会生活与精神享受的必需品,酒是永远禁止不了的。

第八章

液体黄金

我们的晚餐并非来自屠宰商、酿酒师和面包师的恩惠,而是来自他们对自身利益的关切。

——[英]亚当·斯密

富从酒中来

中国文字,是先人在生存实践中创造的。

从象形、指示、会意、形声、转注、假借六种构字形态上,基本都是可以望文释义的。人们通常对"富"的理解,一是钱财多,二是东西多,然而"富"字的构形当中并不含有钱财的符号,不是田宅车马,也不是珠宝服饰,而是"酒"多,这是以它的古文字字形为依据的。

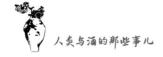
"富"字的甲骨文为合体会意字（从宀从酉）。"宀"像房屋之形，"酉"像酒坛之状，表示房屋中有许多酒装在坛中，有的甲骨文字形在酒坛上部与侧面还有一些其他符号形体，表示取酒的工具以及酒从坛中溢出的样子，强调其财物丰饶之意，表示富有。

可以说，自从原始社会以来，酒都是最为重要的财富标志。

在原始社会的末期，人类在磨制的石器上钻孔，装上木柄，制成石斧、石锄和带尖石的枪矛，还发明了鱼钩、渔网，用人工取火和制造陶器。生产工具的进步，使人类对抗自然的能力大为提升，生活条件也大为改善，过起定居的生活。

随着定居，中国的黄河流域开始出现人工栽培的粟，长江流域出现种植的水稻，后来又驯化饲养了狗、羊、鸡、猪、牛等，原始社会的农业和畜牧业产生了。产品出现了剩余，也为了满足更多的需求，积累财富的观念应运而生。于是在不同公社之间，个别的、偶然的、最为原始的"物物交换"出现了。

马克思曾经指出："商品交换是共同体的尽头，在他们与别的共同体或其成员接触的地方开始的。"商品交换是原始社会的终结，孕育着文明时代的到来。

在偶尔的物与物交换中，为了交换自己需要的产品，双方对轻重和多少并不过于计较。

古希腊史学家希罗多德《历史》一书中这样描写:"迦太基人航行到达利比旺海岸,把货物摆列在海滩上,然后回到船上并升起一缕黑烟作为信号。土著居民看见黑烟,就来到海边,放下一定数量的金子交换那些货物,然后退去。迦太基人于是再次上岸,查看留下来的金子,如果认为金子不够,他们就回到船上去等着,直到土人增加足够的金子,使他们满意为止。交易当中,谁也不欺骗谁。"

中国的上古传说中也记载了类似的故事。《易经·系辞下》记载上古时期"日中为市,致天下之民,聚天下之货,交易而退,各得其所"。

《尚书》记载:"懋迁有无,化居,烝民乃粒。"这段话是说大禹曾经鼓励百姓贸易,将自己家里多余的东西拿出来交换。在舜做部落联盟的首领前,就曾因"顿丘买贵,于是贩于顿丘,传虚卖贱,于是债于传虚"。而尧、舜时期,就"北用禺氏之玉,南贵江汉之珠",战败了被征服的部落,就"散其邑粟与其财物,以市虎豹之皮"。

酒是最古老的商品。我国早期的物物交换,距今已有六七千年的历史。属于早期仰韶文化的河南、甘肃、陕西、安徽的村落遗址中就有产于沿海地区的海贝发现,人们用换来的海贝做装饰用,这就是自外地交换而来的物证。此外在许多遗址的墓葬中,除有沿海地区来的海贝外,发现还有来自其他地区的玉片、酒器,可见新石器时代的居民已经与各个地区间有了交换关系。

在同一历史时期的国外,《荷马史诗》也曾提到"长发的希腊人在卖酒,有的人用青铜去换,有的人用铁去换,有的人用牛或羊去

换,甚至有人用奴隶去换"。

黑陶中反映的古希腊人酿酒

陶器类型的分化,也表明在文明早期的发展过程中,出现了繁荣的酒类交换。酒具的相似性,给我们提供了旁证。

在仰韶文化中发现的陶罐、瓶、碗、盉、杯和小口尖底瓮,红山文化中发现的双腹瓶,屈家岭文化中发现的壶形器、薄胎陶杯,大汶口文化中发现的陶鬶、盉、壶、觚形杯、高柄杯,龙山文化中发现的黑陶鬶、盉、杯,良渚文化中发现的双鼻壶、带流宽鋬杯等,都被考古学界认为可能属于早期的酒器。

这些酒器之间相互影响,都具有相似的文化因素,这是早期文明酒类交换的一个重要证据。

中原地区由于其良好的区位条件,在文明交流的过程中处在一个优势的地位,这个优势的区位使得其在文明交流的过程之中最先吸收其他区系类型中的文明因素,以促进自身的发展。这里事实上也是今天公认的中国酿酒文化的发源地。

国家、经济与文明在酿酒的部落里产生，并不是一个偶然。

官府眼中金

杯中一滴酒，官府眼中金。

古今中外，酒税都是国家财政收入的重要来源。主要的法子，无非是榷酒与酒税。所谓"榷酒"，指由国家垄断，实行酒类专卖。"酒税"则是放开酒类产销，通过征税来增加收入。

中国的酒税最早可以追溯到先秦时期。《商君书·垦令篇》中规定："贵酒肉之价，重其租，令十倍其朴。"商鞅要求加重酒税，让税额比成本高十倍。《秦律·田律》规定："百姓居田舍者，毋敢酤酒，田啬、部佐禁御之，有不从令者有罪。"秦国的酒政，总的来说，就是禁止百姓酿酒和对酒实行高价重税。从而鼓励百姓多种粮食，另外通过重税高价获得税收。

榷酒政策始于汉武帝天汉三年（前98）。《汉书·武帝纪》有"初榷酒酤"的记载。《汉书》注引应劭曰："县官自酤榷卖酒，小民不复得酤也。"这种官卖制度并未实行多久，到昭帝始元六年（前81），便在文人贤良的反对声中废止了。尽管官卖废止，令民卖酒，但"令得以律占租，卖酒升四钱"，也就是一升酒要抽四文钱的税。

六朝既不禁酒，也不禁私酿，因为贵族、文人饮酒之风盛行一时，禁不胜禁。北齐文宣帝天保八年（557）制榷酤，陈文帝天嘉二年（561）立榷酤之科，对酒税立法做了一些完善。

唐朝的酒税相当可观，特别是安史之乱以后，军务开支巨大，更加重了税收。据《文献通考·征榷考》记载：代宗广德二年（764），规定"随月抽税"；德宗贞元二年（786）规定了卖酒的税率，卖酒人每卖一斗"榷百五十钱"。以文宗太和八年（834）一年计，全国的酒税钱即达 156 万余缗，占全年财政收入的 1/6，相当可观。

杜佑《通典》也记载："二年十二月敕天下州各量定酤酒户，随月纳税，除此之外，不问官私，一切禁断。"唐朝的税酒，即对酿酒户和卖酒户进行登记，并对其生产经营规模划分等级，给予从事酒业的特权，而未经特许的人则无资格从事酒业。酒税一般由地方征收，地方向朝廷进奉，如所谓的"充布绢进奉"是说地方上可用酒税钱抵充缴纳的布绢正税之数。

唐朝不仅有酒税，还有地方性的官卖制度。《旧唐书》记载，建中三年（782），开始实行榷酒制度，各地只准官府酿酒。每斛收酒价钱三千文，即使米价低贱，也不能减低到二千文以下。酒味淡薄和私自酿造，处罪不等。官家独自经营，没有竞争压力，所酿造出来的酒，口味淡薄，质量根本不过关，顾客却无法选择。

元稹就曾经在诗中讽刺道："院榷和泥碱，官酤小曲醨。"白居易到任河南尹时，对于官营酿酒作坊生产出来的酒非常不满，于是自己动手改变酿酒方法。他在《府酒五绝》中写道："自惭到府来周岁，惠爱威棱一事无。惟是改张官酒法，渐从浊水作醍醐。"美酒酿到"浊水"的水平，可想而知当时官方的酿造质量了。

经济发达的宋朝为了从酒上获利想出了很多办法。

首先是设立官府专营的售卖机构——酒务。据马端临的《文献通考》记载,神宗宁熙十年(1077)以前,宋政府在全国260多个城市(包括州、府、军、监)辖区中,设有榷酒务1800多个。

为了从源头上控制酿酒业,宋初便制定了严厉的"禁曲令",规定:"私造曲十五斤、私运酒入城达三斗者,处死。卖私曲者,按私造曲之罪减半处罚。"除了京城准许百姓买曲自酿外,其他地区都不得私自酿酒售卖,违者就要被判处极刑。

北宋还实行了榷曲法,官府垄断酒曲的生产,垄断了酒曲的生产就等于垄断了酒的生产,民间向官府的曲院(曲的生产场所)购买酒曲,自行酿酒,所酿的酒再向官府交纳一定的费用。这种政策在宋代的一些大城市,如东京(汴梁)、南京(商丘)和西京(洛阳)曾实行。

这些方法主要围绕城镇,乡村里的家酿却从未禁绝。

为了从乡村也能分一杯羹,南宋官府采取了隔酿法。官府设立集中的酿酒场所,置办酿酒器具,民众自带粮食,前来酿酒,官府根据酿酒数量的多少收取一定的费用,作为特殊的酒税。

特殊情况下,宋代官府会出卖酿酒权。真宗大中祥符六年(1013)三月诏:"诸处酒曲场务止得约造一年,合使酒曲交与后界。如于一年外多造,并即纳官。"承包造酒曲只允许按一年一签约造,逾期造的酒曲一并为政府没收。

《清明上河图》中的酒店

宋代官方许可的私营酒坊也称酒户，酒户在宋代又分城市酒户和乡村酒户两种。城市酒户必须向官方买曲，然后自酿自销，这一种主要是在榷曲区。这种酒户在北宋时，东京有"正店七十二户"，他们一般是有较大资本的大酒户，雇工酿造，设店出卖，拥有的脚店至少不下三千，也称诸京酒户。脚店类似现在的销售网点，不从事酒的生产，一般只作为官酒务和大酒户的分销店。

乡村酒户是向官府交纳一定的税课而获得酿卖权的店户。他们的分布比较广泛，即官酒销售之外的广大地区。宋太宗端拱二年(989)五月诏："应两京及诸道府，民开酒肆输课者，自来东京去城五十里，西京及诸州去城二十里，即不说去县镇远近，今后必去县城十里外"。乡村酒户必须远离城镇，向官府交纳一定岁课而才能取得酿卖权。官府对他们的销售区域有严格的规定："诸酒户知情放酒入禁地贩卖者，罪止杖一百。"政府对城市酒户与乡村酒户的产品划定销售区域,不得越境串货。

根据《宋会要辑稿》的资料,宋代的酒税从立国以来,在财政收入中一直占据较高的比例,天禧五年(1021)超过了1000万贯,占财政收入的比例达16%。即使南宋丢掉了北方的大部分领土,宋高宗时期的酒税仍有1300万贯,财政收入占比达24%。

元代基本沿袭了宋朝的酒类专卖制度。元前期酒课数为1440万贯。元中期,来自酒课的钱钞收入一度高于商税和茶课,仅次于盐课,位列财政收入第二位。元代经济还不如宋代发达,但酒课却一点都不少,酒税之重是可以想见的。

明代南都繁会图中的酒肆

明代是中国历史税收制度最为混乱低效的时代,民富而国穷。虽然商品经济已经较为发达,但税收一直主要依靠田赋,明代官府

相比汉唐宋元,财政收入最少。儒家士大夫把持朝政,标榜不与民争利,不设务,不定额,极大削弱了中央的财政权。明代也不重视酒税,税率较低。酒曲税的税率为2%,非常低的税率。再看杭州的例子,正统十三年(1448)杭州知府高安上奏说:"本府自国初,酒醋岁课钞十万六千〇八十贯。经历年久,中有新开酒醋之店,分毫无税。"大致意思是杭州从明初以来,征收的酒醋税没有变化,新开的酒醋店都没有征收酒税。明朝官府不与富人争利,总是盯着农民那点税,最终逼出了李自成、张献忠。

清代初期继承了明代的传统,不重视酒税,酒税的税率由地方制定,收入也进入地方财政。乾隆年间,对酒户的课税标准是:上户交钱150文,中户100文,下户80文。嘉庆年间,北京崇文门的酒税为,每10斤课银1分8厘(相当于铜钱18文),北京的烧酒价格约20文/斤,税率较低,仅为9%。

鸦片战争是转折点,为了支付战争赔款,清政府盯上了酒税,将酒税的征收权收归户部。"其地方稍远者,汇齐赴部代缴,如有违者,从严惩处。"以北京为例,酒户在咸丰三年(1853)每年税银为16两,同治元年(1862)提高到32两,税率达到50%以上,相比乾隆时期提高了100至200倍。直隶地区的酒税从光绪四年(1878)至二十八年(1902),由3万两提高到60万两,24年提高了19倍。

有经济学家认为,酒税是富人税,是税制的一大创举。相比于盐铁等重要物资,酒税是向有钱饮酒者征收的一种特别消费税,对普通百姓的生活影响较弱,民间反对声音小。如果说盐铁专卖是

"国民所急而税之"，那么酒的专卖则是"国民所靡而税之"。

直到今天，酒税依然是国家税收的重要组成部分。

酒税的多寡，反映着经济发展的程度。会不会收酒税，也反映出国家的财政管理水平。

酒师流变考

你知道古代有哪些著名的酿酒师么？

恐怕几乎所有人一个也说不出。不是因为大家孤陋寡闻，而是因为古代酿酒匠人的记载非常稀少。

从技术来看，人类的酿酒经历了从压榨酒、发酵酒到蒸馏酒的演变，酒的种类也从果酒一种增加到粮食酒、配制酒等数百个品种。上古时代，酿酒是统治者与祭司的重要技能，酿酒师地位尊贵。今天各个民族的酒神，其实就是上古时代的酿酒师。

进入文明社会之后，酿酒工匠往往是官府中人。

从《周礼·天官冢宰》中，我们可以了解到，周代时宫廷中，设有"酒正"专门掌管造酒的政令，有"大酋"负责造酒的日常管理，有"浆人"从事造酒的劳作。《礼记·月令》叙述了大酋在仲冬酿酒时必须负责监管好的七个主要环节："秫稻必齐"（造酒原料的准备）、"曲蘖必时"（及时做好酒曲）、"湛炽必洁"（清洗酿酒原料和用具）、"水泉必香"（选好纯净香醇的泉水）、"陶器必良"、"火齐必得"（加热火候合适）、"兼用六物"（选用各种香草）。这些足见当时的造酒

经验已经相当丰富。

在这一时期,酿酒从业者,已经分化为管理者和一般匠人。

酿酒管理者的官职在后世得到了传承。

魏晋南北朝时期设有酒丞,隋朝设置了良酝署,专门负责给宫廷供酒。部门有正、副长官,分别为署令和署丞。宫廷中设立了司酝,掌管酒礼与酿酒,唐宋和明朝都保留了这个官位。

在《旧唐书》中的《职官志》中,专门记载了良酝署的组成和功能。"令二人,正八品下。丞二人,正九品下。府三人,史六人,监事二人。从九品下。掌醖三十人,酒匠十三人,奉觯一百二十人,掌固四人。"令职掌供奉国家祭祀所用五奇、三酒的事情,丞作为副贰。良酝署是中央的酿酒机构,直接受光禄寺管辖。

生产出的酒,主要是供给朝廷国事祭礼使用。这里聚集了全国最好的酿酒师,专门酿造供皇家使用的御酒。

然而,直接从业的酿酒师身份日渐衰微,江河日下。

春秋时期,齐国管仲提出著名的"四民分工论",即士、农、工、商四种身份的人分开居住,分别培养,使技艺臻于完美。对于工匠,他的建议是:让手工业者聚集在一起居住,观察四季不同的需求,辨别器用质量的精粗美丑,估量它们的用途,选用材料时要比较其中的好坏,并使其恰到好处。

士、农、工、商的职业世代相传,手工业者的后代只能保持手工业者的身份。这种机制导致了社会僵化,不利于阶层流动。

此后的古代中国基本沿袭了这种制度,甚至为工匠设立了单独的匠籍,只能世代传承。加之儒家重道轻器的思想的影响,工匠的社会地位一直在社会底层徘徊。流传至今的建筑、丝织品、瓷器以及古玩等瑰宝不止一次向人们证明,古代中国的工艺水平令人惊叹。尽管如此,任何一位有足够智力的古人,除非仕途、经商不力,都不会把目光投向这一下下之选。

我们常说重农抑商,其实还有重农抑工。古人将手工业当作低等学问,对工业的抑制比商业甚至都要大。工业实践的滞后导致了社会发展的停顿,这也是近代中国落后挨打的主要原因之一。

专业酿酒匠人不见于经传,但一些名人留下了精通酿酒的事迹。

前文谈到曹操,他改进了郭芝提出的源自安徽亳州的九酝酒法,提高了酒的品质和产量。除了传说人物,他算得上是中国有史以来第一位有明确记载的酿酒大师。

北魏农学家贾思勰所著《齐民要术》记述了十二种制酒曲的方法,并总结出"黍稻必齐,曲集必时,湛炽必洁,水泉必香,陶器必良,火齐必德"二十四字酿酒秘诀。同一时期,《洛阳伽蓝记》也记载了一位酿酒达人——刘白堕。刘白堕善酿酒,其酿制之酒用口小腹大的瓦罐装盛,放在烈日下暴晒,十天以后,罐中的酒味不变,喝起来醇美非常。

永熙年间,有一位叫毛鸿宾的携带这种酒上路,遇到盗贼,盗贼喝了这种酒,立即醉倒,后被擒拿归案,因此这种酒又被称作"擒奸酒"。"白堕"也成为后世美酒的一个别名。

唐宋时期,文人酿酒是一种时尚。

魏徵是中国历史上著名的贤臣,他除了会怼皇帝,还对酿酒很有心得。唐太宗在《赐魏徵诗》中称赞道:"醽醁胜兰生,翠涛过玉薤。千日醉不醒,十年味不败。"大致意思是说,魏徵酿的醽醁酒好过百花所酿的兰生酒,翠涛酒好过炀帝时的玉薤酒。十年都不会变质,喝了之后,能让人长醉千日。

不懂酿酒的人不好评价别人的酒,李世民也跨界玩了一把酿酒。《册府元龟》记载:"收马乳蒲桃实于苑中种之,并得其酒法。帝自损益,造酒成凡有八色,芳辛酷烈,味兼缇盎。既颁赐群臣,京师始识其味。"唐太宗得到高昌酿酒法,独立进行改进实验,最终酿成了八种葡萄酒。

初唐的"五斗先生"王绩也精于酿酒品酒。《独酌》一诗云:"浮生知几日,无状逐空名。不如多酿酒,时向竹林倾。"《看酿酒》一诗云:"六月调神曲,正朝汲美泉。从来作春酒,未省不经年。"都反映了他的酿酒经历。王绩一生三仕三隐,听闻太乐署的官吏焦革擅长酿酒,他苦苦央求,得以如愿出任太乐丞,这简直就是步兵校尉阮籍故事的翻版。

唐代凤首龙柄青瓷执壶,这种异域风格的酒具可能用于盛放葡萄酒

王绩曾为酒神杜康立祠,以焦革配祀,并写下《祭杜康新庙

文》。他将焦革酿酒法写成《酒经》一卷，又追述前人酿造技艺著《酒谱》一卷，这是目前已知我国最早的关于酿酒的专门著作。

"绿蚁新醅酒，红泥小火炉。晚来天欲雪，能饮一杯无？"白居易的《问刘十九》可能是最为脍炙人口的约酒诗。殊不知，他这里的"新醅酒"就是自酿的。白居易在《醉吟先生传》中自称，"岁酿酒约数百斛"。他在《咏家酝十韵》中说："独醒自古笑灵均，长醉如今学伯伦。旧法依稀传自杜，新法要妙得于陈。"为了储藏美酒，白居易还建了酒库，并写下《自题酒库》。"野鹤一词笼，虚舟长任风。送愁还闹处，移老入闲中。身更求何事，天将富此翁。此翁何处当，酒库不曾空。"

前一段时间，李子柒反映中国饮食文化的视频走红，所有的食材，从栽培、采摘、到调制……她都要参与。白居易的好友刘禹锡也是这样的酿酒爱好者，《葡萄歌》一文云：

> 野田生葡萄，缠绕一枝高。移来碧墀下，张王日日高。
> 分岐浩繁缛，修蔓蟠诘曲。扬翘向庭柯，意思如有属。
> 为之立长榬，布濩当轩绿。米液溉其根，理疏看渗漉。
> 繁葩组绶结，悬实珠玑蹙。马乳带轻霜，龙鳞曜初旭。
> 有客汾阴至，临堂瞪双目。自言我晋人，种此如种玉。
> 酿之成美酒，令人饮不足。为君持一斗，往取凉州牧。

诗里写了栽培、修剪、搭架、施肥、灌溉等辛苦程序，直到丰收、

酿酒，全过程参与，这么下功夫，不愧为硬核酿酒师。

宋代文学家苏轼仕途坎坷，足迹遍布各地。所到之处，他一定会记录和研究美食，除了东坡肉，他还发明了多种美酒。他在《书〈东皋子〉传后》自况："今岭南法不禁酒，余既得自酿，月用米一斛，得酒六斗。闲居未尝一日无客，客至未尝不置酒，天下之好饮，亦无在吾上者。"蜜酒、真一酒、天门冬酒、桂酒、万家春酒、酴酸酒、罗浮春酒等这些耳熟能详的酒种都有过苏轼的"手笔"。

苏轼有篇杂文《黍麦说》，其中这样记载：

> 北方之稻不足于阴，南方之麦不足于阳，故南方无嘉酒者，以曲麦杂阴气也，又况南海无麦而用米作曲耶？吾尝在京师，载麦百斛至钱塘以踏曲，是岁官酒比京酝。而北方造酒皆用南米，故当有善酒。吾昔在高密，用土米作酒，皆无味。今在海南，取舶上面作曲，则酒亦绝佳。以此知其验也。

他用实践得出结论，只有以北麦为曲、南米为醅才能酿出好酒。他将自己的酿酒经验进行总结，留下了《东坡酒经》一文。

墙内开花墙外香。虽然酿酒从业并不显赫，能够吸引这么多历史名人前赴后继投身酿酒，这正是酒的魅力所在。随着时代的进步，今天的酿酒匠人已经走到台前，继续给我们贡献美酒，讲述美酒背后的工匠精神。

水村山郭酒旗风

为什么城市里最多的商户是酒店？

回答这个问题，我们需要追溯到古代的酒肆。自古以来，酒肆就是城市商业的核心，也是市民生活的起点。

进入文明社会后，人们的生活方式和社会分工也越来越多样化，城市开始出现。《周礼·天官·内宰》说："凡建国，佐后立市，设其次，置其叙，正其肆，陈其货贿。"周朝人在筑城后即划出地方设"市"（市场），市有"肆"，即专门陈列出卖货物的场地或店铺。酒肆卖酒并为顾客提供各种服务，在发展中也产生了名称的变化，如酒舍、酒垆、酒家、酒楼、酒馆、酒店等。

《诗经》载"有酒湑我，无酒酤我"，就是说家中有酒赶快倒给我，要是没有酒就赶快去买。《论语》中有"酤酒，市脯不食"。也许是因为不能表达诚意，孔夫子说不饮市场上买来的酒，不吃市场上买来的肉。可以想见当时的市场已经有一定规模，酒肉都可以随时买到。

酒肆最初是以集酿酒和卖酒于一身，而非聚众饮酒的集散地。那段美丽的"当垆卖酒"的传说，就发生在汉代的酒肆。

有了卖酒的地方，就要做广告。悬挂酒旗是酒肆最为常见的广告形式。《韩非子·外储说》记载："宋人有沽酒者，升概甚平，遇客甚谨，为酒其美，悬帜甚高。"这里的"帜"即是指酒旗。

东汉画像砖中的酒肆

《南史》记载颜延之喝酒的逸事："文帝尝召延之传诏,频不见,常日到酒肆裸袒挽歌,了不应对。"颜延之官至国子祭酒,这样有身份的官吏却经常跑到酒店去喝酒,喝多了还要光着膀子高歌。《南史·谢几卿传》记载："尝预乐游苑宴,不得醉而还,因诣道边酒垆,停车褰幔与车前三驺对饮,观者如堵,几卿处之自若。"谢几卿刚参加完朝廷举办的宴会,还犹有不足,就跑到酒店去与驾车的牲口对饮,借酒放浪形骸。

唐朝有万国来朝的气派,与酒的品性相符,所以诗酒大唐在历史上留下赫赫盛名。唐朝的大小酒肆遍及全国,正是"千里莺啼绿映红,水村山郭酒旗风",大好河山,一片酒旗招展,非常有趣,这就是当时的最好写照。在京都长安和东都洛阳甚至有很多西域胡人开设的酒肆,金樽番酿、胡姬侍酒是最吸引酒客的手段。异域风情的酒肆,加以胡乐、婀娜的胡舞,高鼻大眼的胡姬,总会让那些风流才子、贵族子弟流连沉迷。

唐代酒肆多有"胡姬"，她们不仅是酒馆的服务员，还是酒馆的招牌。胡姬都经过专门的训练，会以轻歌曼舞供客人娱乐。李白在《少年行》提到："落花踏尽游何处，笑入胡姬酒肆中。"他在另一首诗《前有一樽酒行二首之二》中又写道："琴奏龙门之绿桐，玉壶美酒清若空。催弦拂柱与君饮，看朱成碧颜始红。胡姬貌如花，当垆笑春风。笑春风，舞罗衣，君今不醉将安归？"生动形象地描绘胡姬酒肆的热闹场面。

宋代是酒肆的繁荣期。据《东京梦华录》记载，北宋时，仅京城开封就号称有酒家"七十二正店"。"正店"都是屋宇轩敞、设置讲究的大酒店，大门搭着"彩楼欢门"的牌楼，晚间灯烛辉煌，上下相照，像在仙境中。其中有一大酒店居然有"百十进院"，规模是前所未有的。住宿用餐、饮酒会友，各种功能与今天无异。

一千多年前的北宋名画《清明上河图》中，画家张择端以全景式的绘画写实向世人展现了北宋都城的繁荣景象，画面中酒肆、酒楼的酒旗遍布，其中挂有一面"孙羊正店"的酒店最为清晰可见。这个广告位算是最为金贵的了，直打了千余年。

《东京梦华录》共提到一百多家店铺，其中酒楼和各种饮食店占了半数以上。《清明上河图》描绘了一百余栋楼宇房屋，其中可以明确认出是经营餐饮业的店铺有四五十栋，也差不多接近半数。南宋笔记文学《武林旧事》《都城纪胜》《梦粱录》也收录了一大堆临安的饮食店与美食名单。

随着酒肆而来的，是琳琅满目的美食。

先有酒,后有食,酒文化是食文化的源头。

《东京梦华录》"饮食果子"条,《梦粱录》"分茶酒店"条、"面食店"条、"荤素从食店"条,《武林旧事》"市食"条,都罗列有一个长长的美食、小吃、点心名单,抄也抄不过来。我们现在能够品尝到的火腿、东坡肉、涮火锅、油条、刺身等,都是或发明或流行于宋朝,烹、烧、烤、炒、爆、熘、煮、炖、卤、蒸、腊、蜜、拔等复杂的烹饪技术,也在当时成熟起来。

到了明清时期,酒肆更加繁荣。

饮酒的场所也不断分化出各种等级,有平民百姓流连的小酒肆,也有达官贵人出入的高级酒楼。高级酒楼的装饰气派典雅,富丽堂皇。一些酒店流传至今,如太白楼、得月楼、浔阳楼、楼外楼等。如创始于明嘉靖年间的苏州得月楼,明代戏曲作家张凤翼赠诗云:

苏州得月楼

"七里长堤列画屏,楼台隐约柳条青,山公入座参差见,水调行歌断续听,隔岸飞花游骑拥,到门沽酒客船停,我来常作山公醉,一卧垆头未肯醒。"

得益于酒肆文化的成熟,宋代以后关于酒的专题著作井喷式增加,如《北山酒经》《酒名记》《续北山酒经》《桂海酒志》《山家清供》《山家清事》《新丰酒法》《酒尔雅》《酒小史》《酒边词》等。宋代张能臣的《酒名记》收录了宋代天下酒名100多种,是我国古代记载酒名最多的书,其中共罗列了27种市店名酒,如丰乐楼的眉寿酒,忻乐楼的仙醪酒,和乐楼的琼浆酒,遇仙楼的玉液酒,会仙楼的玉醑酒,时楼的碧光酒,高阳店的流霞酒、清风酒、玉髓酒等。

酒肆不仅孕育了中国发达的饮食文化,也推动了市民阶层的蜕变,壮大为新的政治力量。市民阶层带来了具有资本主义色彩的雇佣经济,带来了戏曲、小说等通俗文学,他们所要求的商业原则和封建传统伦理产生冲突,对社会风俗和文化取向上也起着潜移默化的作用。过去遭受鄙视的商人的地位空前提高,逐末营利成为风气,思想文化领域充满新旧矛盾。

以李贽为代表的进步思想家公开主张言"私"言"利",提倡解放人性与保护私有财产,把"好货好色"作为人生的自然需求,对"存天理,灭人欲"的理学教条提出勇敢的挑战。可以说,就在酒肆之中,中国的近代化悄然启程。

第九章

醉在新世界

假如没有他们所贪恋的杯中之物，现代社会中的人没有一个能长期生存下去。

——[英]马克·福赛思

丝路美酒

横跨亚非欧的丝绸之路是东西方在经济、政治、文化交流的主要通道。同时，也是一条美酒之路。

陆上丝绸之路起始于古代中国，是连接亚洲和欧洲的一条商业贸易路线，最初供运输中国出产的丝绸、瓷器等商品，所以叫丝绸之路。

陆上丝绸之路，起点中国古都西安，经中亚而达地中海，以罗马为终点,全长 6000 多千米。丝绸之路经过的国家,风土人情各不相同,罕为人知的是,这其实也是一条美酒之路。

在许多人看来,东西方的交流应该是始于西汉张骞出使西域,实际上这一常识已经被考古资料所推翻。早在新石器时代,酒文化就在亚欧大陆的两端几乎同时出现, 东西方的文明就有了交流。1923 年,法国古生物学家德日进和桑志华在宁夏、黑龙江、山西、内蒙古和新疆等地先后发现源自欧洲的勒瓦娄哇石器遗址。一些学者将西方石器技术向东传播的途径称为"史前石器之路"。

从距今七八千年开始, 源自黄河流域关中区域的彩陶文化向西流布,通过西域传播到今天的西亚地区。在途经中国甘肃的丝绸之路主道旁边发掘了大量的史前陶器,例如:大地湾文化的绳纹三足深腹陶罐,距今 8000 ~ 7000 年前。 仰韶文化的重唇口红陶尖底瓶, 距今 6900 ~ 5600 年前。中国龙山文化的黑陶酒杯,在伊朗、印度等地也有发现。学界把中国彩陶西传之路称为"彩陶之路"。

在青铜器、铁器通过这条通道传入中国之外,新石器时代晚期的古代中国大量使用玉器,其来源就是以和田为中心的西北昆仑山玉矿带。从《山海经·西山经》"南望昆仑,其中多玉",到战国《管子》"禺氏之玉",到后人"玉出昆冈",都奉和田为玉都。中原王朝通往狭义西域的"和田玉路",是夏商周三代中原与各地之间的交流要道。而中亚、西亚的贵族们也长期迷恋和田玉,遂形成了以新疆地区为中心,向西通向波斯湾、阿拉伯半岛乃至欧洲的玉石贸易通道。

东周史书《穆天子传》详细记载了周穆王(公元前976至前922年在位)姬满驾八骏西巡天下的事迹。周穆王沿着这条通路在沿途几个采玉的部落停留,并得到了西王母的款待。除了饮酒作乐,西王母还馈赠了大量宝石,周天子"载玉万只而归"。这条通路也是丝绸之路的前身,被称为"玉石之路"。

除了这些早期酒文化的交往,汉代以后风靡中国的葡萄酒也随着丝绸之路而来。公元前128年张骞来到大宛,这里位于今乌兹别克斯坦费尔干纳盆地。该国受古希腊文明的影响,拥有高度的城邦文明,酷爱以葡萄酿酒。张骞品尝之后大喜,便将葡萄、苜蓿、胡萝卜和石榴等特产带回了中原地区。西域各国纷纷请求依附,汉武帝刘彻特别喜欢葡萄,曾下令在宫殿周围大面积地种植。

此后,作为外来品的葡萄和葡萄酒,越来越受到中原人民的喜爱。曹操的儿子魏文帝曹丕在写给御医的诏书中大谈特谈对葡萄和葡萄酒的喜爱。他在《诏群医》中写道:"珍果甚多,且复为说蒲萄……甘而不饴,酸而不脆,冷而不寒,味长汁多,除烦解渴。又酿以为酒,甘于鞠蘗,善醉而易醒。道之固已流涎咽唾,况亲食之邪。他方之果,宁有匹之者。"

稀缺的葡萄酒更为文人墨客所青睐。陆机在《饮酒乐》中写道:"蒲萄四时芳醇,琉璃千钟旧宾。夜饮舞迟销烛,朝醒弦促催人。春风秋月恒好,欢醉日月言新。"庾信在《燕歌行》中写道:"蒲桃一杯千日醉,无事九转学神仙。定取金丹作几服,能令华表得千年。"

唐代鎏金胡人头执壶

唐代胡风流行，也是葡萄酒在中国最为辉煌的阶段。前文讲过,唐朝吞并高昌后,李世民改进了高昌酿法,亲自酿造葡萄酒。盛唐时代繁华的酒肆中,酒家主要卖三种西域传来的酒,葡萄酒、龙膏酒和三勒浆。

建立了元朝的蒙古人尚饮,并不满足于传统酒类,还通过丝绸之路引入了新的美酒与制作方法,如马奶酒、果酒、阿剌吉酒、速儿麻酒及各种配制酒等。明代医学家李时珍认为烧酒源自西域,他在《本草纲目》中写道:"烧酒非古法也,自元时始创。其法用浓酒和糟,蒸今汽上,用器承取滴露,凡酸坏之酒,皆可蒸。"在元代的《饮膳正要》等文献中,也有不少蒸馏酒及蒸馏器的记载。虽然早在东汉,中国就发明了蒸馏器与蒸馏酒,但蒸馏酒的流行还得依靠这个追求刺激的少数民族政权推动。

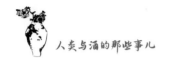

五色交辉,相得益彰;八音合奏,终和且平。

数千年来,丝绸之路给所有途径的国家与地区带来了财富与福祉。酒不仅是这里的文化遗产,也见证了和平合作、开放包容、互学互鉴、互利共赢的丝路精神。

纳尔逊之血

它是杰克船长绝不离身的饮品,它是水手们的生命源泉。

它被称为纳尔逊之血、海盗的饮料,也被叫作巴巴多斯神水。凡是描述风帆时代大航海冒险和海上战争的文学作品和影视剧都要提到它,这就是朗姆酒。

朗姆酒是八大蒸馏酒之一,以甘蔗制糖过程中产生的糖汁或糖蜜为原料,经过发酵、蒸馏之后在橡木桶中储藏 1~3 年,酒精度通常在 20 度到 60 度之间,具有口感甜润、芬芳浓郁的特点。

关于朗姆酒的起源有很多说法,其中最常见的说法是源自于加勒比地区制糖业的兴盛。哥伦布在第二次远航美洲时将甘蔗带到了古巴,并在加勒比诸岛上广泛种植,进而形成了规模可观的制糖产业。大约在 16 世纪末至 17 世纪初,巴巴多斯的制糖工人发明了朗姆酒。

糖是当时美洲最重要的特产,可以与现今的石油媲美。英国、法国、丹麦、荷兰等国的殖民者也开始种植甘蔗,并用制糖的副产品酿造朗姆酒。接近 17 世纪尾声时,几乎整个新大陆都浸泡在了

朗姆酒之中。朗姆酒随着大航海时代的开启，开始了它对世界的
征服。

地理大发现之后，欧洲列强为了争夺霸权，保护本国殖民地，
纷纷组建庞大的海军。远海航行需要准备足够的水源，淡水常被
装入密封的木桶储存于甲板之下。但这样封存的淡水容易滋生海
藻和细菌，不利于长期保存。于是酒取代了水，成为水手们航行中
的必需品。

1655 年，英国从西班牙手中夺走了牙买加。在这次征战中，英
国舰队的最高指挥官威廉·佩恩首次将朗姆酒作为配给发给士兵。
从此，朗姆酒与英国皇家海军结下了不解之缘，以席卷之势取代了
啤酒在海军中的地位，成为海军的配给酒。

那时，海上生活十分艰苦，医疗条件也相当有限，一点小伤轻
则截肢，重则丢掉性命，加之严苛的纪律和严酷的刑罚，使船员们
不得不借朗姆酒今朝有酒今朝醉。

丘吉尔曾轻蔑地把海军生活概括为，"朗姆酒、鸡奸和鞭笞"。
这样的生活，使朗姆酒在船员中大受欢迎。1740 年，英国将军爱德
华·弗农下令，半品脱的朗姆酒必须加入两品脱清水，或者与糖、酸
橙汁或柠檬汁混合。正是这个配方，意外而神奇地治好了困扰水手
们的坏血症。

弗农平时总是穿着一种叫作"格罗格兰姆呢"的防水披风，而
他发明的这种掺水朗姆酒，则有了一个新名字——格罗格酒。从
此，这个名字成为海军中一个专业术语流传至今。

纪念纳尔逊的朗姆酒

在英国,朗姆酒亦被称为纳尔逊之血。关于这个名字,还有两个解释。1805年,纳尔逊将军在特拉法加战役中打败了拿破仑,而他本人则不幸阵亡,士兵们将他的遗体浸泡在朗姆酒中运送回国。一种说法是,船上一些百无聊赖的水兵忍受不了朗姆酒的诱惑,悄悄地在贮存遗体的木桶上打了个小孔,用吸管偷喝朗姆酒。结果当遗体运抵伦敦开桶之时,桶里的酒竟一滴不剩。另一说法是,遗体被安全运送回国,开桶之后士兵们争相饮下桶内的朗姆酒,以继承纳尔逊将军的遗风,增加自己的勇气。

我们无法回到那个硝烟弥漫的时代去考证桶里的酒到底剩下多少,但是"纳尔逊之血"却因此成为了朗姆酒的一个别称,成了勇气的象征。

19世纪中叶,英国海军领取朗姆酒的仪式逐渐规范化。士兵们为了表示对国王的敬意,每次从酒桶中斟出朗姆酒前总要脱帽致敬。后来,他们尊敬地在酒桶上题上"国王陛下赐福于你"的字样。

此后，英国海军的朗姆酒配给不断地减少，以配合海军部整顿军纪，解决酗酒问题。1969年12月17日，英国海军部决定取消除朗姆酒的配给。1970年7月31日，这一天被称为"黑色朗姆酒日"，海员们戴上黑色臂章，最后一次领取朗姆酒。

朗姆酒风靡海军300年的历史画上了句号。

领取朗姆酒的英国海军

随着电影《加勒比海盗》大获成功，人们对海盗的历史也越发痴迷起来。杰克船长的原型之一是海盗史上声名显赫的爱德华·蒂奇，人称"黑胡子"；"黑珍珠号"的原型则是黑胡子船长的"安娜女王复仇号"。在电影里，那个以破烂的齐腰马甲配绯红马裤的杰克船长，可以没有食物，可以居无定所，却不能没有朗姆酒。而像杰克船长一样身材高大瘦削的黑胡子，同样对朗姆酒钟爱有加。也正因为朗姆酒，这位海盗头子曾做过不少疯狂事。这位放荡不羁、酗酒成性的船长留下了许多关于朗姆酒的故事，而他的陨落也是因为

醉酒而中了埋伏。

海盗们对朗姆酒的热爱客观上促进了朗姆酒的发展。

在世界各地广受赞誉的混血姑娘（Mulata）、圣卡洛斯（San Car-los）、哈瓦那俱乐部（Havana Club）和百得加（Bacardi）等上品的古巴朗姆酒，最初也是由海盗和商人带上这片土地的。18 世纪 20 年代，马达加斯加的海盗基地多如牛毛，朗姆酒的需求量也因此大幅增加。毛里求斯、留尼汪岛以及马达加斯加的蔗糖种植园主们陆续加入了酿造朗姆酒的行列。时至今日，马达加斯加的朗姆酒制造和消费场所，仍然集中在该岛东部海岸的贝岛、图得亚拉及圣玛丽等地——这些海盗曾经活跃的区域。

在那个属于冒险家的时代，游荡在大洋上的海盗船曾让皇家海军伤透了脑筋，骷髅旗让商船和殖民地据点胆战心惊。有意思的是，这两个死对头在海上缠斗了几百年，谁也没能赢了谁，却同时被朗姆酒征服了。

日内瓦夫人

马提尼，作为最著名的一款鸡尾酒，经典做法就是以杜松子酒为基酒。杜松子酒，也可译为金酒或琴酒，作为欧美剧中出现频率最高的酒类之一，有着基酒之王的美誉。

"Vodka Martini. Shaken, not stirred."（"伏特加马提尼，摇匀，不要搅拌。"）看过 007 系列或特工电影的人一定对这个梗烂熟于心，与跑车、美女一样，马提尼是邦德的标配。

杜松子酒具有芳芬诱人的香气，无色透明，味道清新爽口，可单独饮用，也可调配鸡尾酒，是调配鸡尾酒中唯一不可缺少的酒种。主要酿造原料为大麦、黑麦、谷物、香料和杜松子等。早在16世纪以前，这种酒就已少量地被制造作为药物使用。杜松子起源于中国，在传统上就被当作利尿、解热与治疗痛风的药材来使用。

杜松子酒诞生在荷兰，成长在英国。

1688年11月，英国发生光荣革命，自由议会邀请来自荷兰的威廉三世，担任英国国王。他将荷兰产的杜松子酒挪到英格兰生产，并且鼓励大家饮用。原本是荷兰执政的威廉本身就是金酒的爱好者，更因为当时正处于英荷联手跟法国之间的战争，他下令抵制从法国进口的葡萄酒与白兰地，并且允许公众使用英格兰本土的

英国艺术家威廉·荷加斯版画《杜松子酒小巷》，呈现了英国遍地醉鬼的景象

谷物制造烈酒。这项立法几乎是为金酒量身订造,英国自此跃升为最重要的金酒生产国,甚至比发源地的荷兰更青出于蓝。自此,一股杜松子酒的热潮席卷了英国。

17 与 18 世纪之交是英国城市化的重要时期,当时,全英格兰的穷人蜂拥来到伦敦,以寻找那"铺满黄金的街道"和抓住投机热潮,却发现街道上满是泥土,也找不到工作。此时伦敦的人口已达 60 万,而在当时的英格兰,除伦敦外只有两座城市的人口超过 20 万。

在伦敦这座庞大而冷漠的城市中,犯罪远比有着种种道德约束的乡下猖獗,人们也不像小城镇里那样都知道别人从事什么营生,这里没有任何救济和福利,也没有帮助穷人的教区,更没有能照顾自己的家人和朋友——唯一拥有的,是杜松子酒。杜松子酒产量很大,价格低廉,受到下层群众的欢迎。一个酒馆的广告这样说:"一分钱喝个饱,两分钱喝个倒;穷小子来喝酒,一分钱也不要。"

一文不名的穷人用酗酒的方式化解他们的悲伤——连同悲伤一起消失的,是他们的衣服,因为穷人们只有卖掉衣服才有钱买酒。要知道,在工业革命和棉纺厂如雨后春笋般布满英格兰北部之前(这要等到一个世纪之后),布料是非常昂贵的。对两手空空又难找工作的穷人而言,如果真的需要"快钱"的话,唯一可卖的东西就是身上那套行头——前提是他先得有件衣服。这也导致了一种奇怪的现象,就是大街上有很多"赤身露体"的酒鬼,整个社会陷入无休止的酗酒状态。

刚开始的时候,杜松子酒被称为 Geneva,这个名字与瑞士日内瓦读音相同，一些英国人便给自己喜欢的烈酒起了个优雅的外号——日内瓦夫人。

酒厂展出的「猫喵卖酒机」

在伦敦肯宁顿的必富达杜松子酒酿

英国政府决定对杜松子酒这种"生活日用品"征税，但人们纷纷将酒水买卖活动转到了地下。为了逃避官方追查，一种外形像猫的"自动售货机"粉墨登场。卖杜松子酒的小贩在小巷里开一扇远离酒窖的门，门上雕刻一只木猫。要买酒时，只要走到猫前面，对门后面的人说声"给我来两分钱的杜松子酒"，然后把两个一分钱的硬币放在猫嘴里，硬币就会自动滑到酒贩子那里。收到钱后，酒就会从猫爪子下方的铅管中流出。这一装置的发明者据称是一位名叫达德利布拉·德斯特里特的酒贩子，他因此获取了暴利。在一系列与政府限酒的对抗中，下层群众展现了强大的力量。

随着工业革命在英格兰的兴起，大量原本找不到工作的酒鬼醉汉纷纷走进了以机器大工业为代表的近代化工厂，这股杜松子

人类与酒的那些事儿

酒热潮逐渐消亡。另一方面,醉酒失态、藐视法律、私自结社的穷人让统治者感到恐惧,对付他们最好的办法就是想办法送到别的地方去,而这便是美国与澳大利亚的由来。

疯狂的酒吧

想要了解欧美城市风情,没有比去酒吧更好的办法了。

英国作家塞缪尔·约翰逊说过:"世间人类所创造的万物,没有一项比得上酒吧更能给人们带来无限的温馨与幸福。"近年来,酒吧也越来越多地出现在中国的广大城市之中,成为当代青年人夜生活的文化基地。

酒吧最初源于欧洲大陆。大约在 15—16 世纪,英国开始兴起私人社交场合俱乐部。而那些没有能力加入俱乐部的人们,需要一个大众能参与的社会交往的场合。英国出现了公共社交场所酒吧。英文称作"public house",亦称为"pub"。这种大大小小、形态各异的酒吧遍及英国。酒吧里聚集着三教九流,手捧酒杯交换信息,从文学新作到王宫逸事,无不在巷议范围。

酒吧文化在英国只是开了个头,真正发扬光大是在新大陆。1797 年,美国最大的酿酒厂位于弗农山庄,一年能生产 1.1 万加仑威士忌,他的老板不是别人,正是美国国父乔治·华盛顿。就在去世前两个月,华盛顿还曾致信侄子,称顾客对自家酒厂的威士忌实在需求旺盛,供不应求,希望对方能尽快供给一些原材料。酒厂生意成功使本就富甲一方的华盛顿又进账不少。据档案记载，华盛顿在酒厂开办一年后为总共 616 加仑威士忌缴纳了 332 美元的税款，这在当时是一笔巨款。

每一部西部片除了枪战，都要有酒吧

　　对于新大陆的拓荒者而言，除了饮酒，实在找不出什么更方便的乐趣。从 1790 年到 1830 年，美国烈酒消费增加了一倍，达到每人每年 9.5 加仑。人们对烈酒的喜爱很大程度上是由于西进运动造成的。相比于无法长期保存的啤酒，难以稳定供应的葡萄酒，只有烈酒才能让通往未知西部的拓荒者醉的次数更多，醉的距离更远。

　　从 18 世纪末开始，美国西部新兴的城镇出现了大量的小酒馆，这些小酒馆的顾客是拥进西部的白人殖民者和牛仔，他们的交通工具主要是马。为了方便顾客，酒馆老板们在酒馆门前设一根横

木,用来拴马。骑马不再流行后,就把横木挪到柜台用来垫脚。美国人将酒吧称为"bar",最初指的就是这个不起眼的东西。小小一个售酒柜台,最终成为牛仔文化的圣地。

进入 20 世纪,为了追赶时尚的潮流,迎合市民的消费趣味,酒馆的经营者和设计者开始向商店寻求灵感,模仿商业柜台的风格。琳琅满目的商业柜台直接影响了酒馆的吧台设计,使吧台从不显眼的角落进入到公共活动空间,登堂入室,大展风姿。再加之照明设备和玻璃器皿的使用,吧台成为非常炫目耀眼的商业柜台,酒馆也因此成为大都市商业消费生活的重要场所,爵士乐、酒吧文学等新的艺术形式便在这里产生。

对于男人而言,酒吧是休闲交友的圣地。然而有一个问题,女人到哪里去?男人领了工资后到酒吧挥霍,然后醉醺醺地回到家中,女人只能满怀幽怨忍受孤独。19 世纪末,政治觉醒的美国妇女组织了反酒吧同盟,掌握舆论的清教徒也痛恨酗酒,资本家则认为工人饮酒影响劳动纪律和生产效率。

女权主义者全力地投入到禁酒运动当中,她们强调,酗酒是造成家庭暴力的主要原因,主张以禁酒改变男性的行为,这也有助于保护孩子们的成长环境,使女性可以在家庭里拥有与丈夫平等的地位。基督教妇女禁酒联合会是当时最大的妇女组织,将禁酒推向高潮。

美国国会于 1919 年颁布了宪法第十八条修正案:"自本条批准一年以后,凡在合众国及其管辖土地境内,酒类饮料的制造、售卖或转运，均应禁止。其输出或输入于合众国及其管辖的领地，亦应禁止。"

修正宪法以达禁酒目的，决心不可谓不大，联邦政府执法也算积极有力，但从一开始，禁酒之事便遇到巨大阻力。贪杯者很多，大多数人平时只是浅尝辄止，并非酗酒之徒，酒罐子完全打破，大家一滴也喝不成，都觉得有过激之嫌。

上有政策，下有对策。宪法规定销售酒精类饮品是非法的，却不禁止销售酿酒的原料。酒厂不能卖酒了，便不遗余力出售酿酒原料，并声称这是用来烹饪。比如葡萄砖，这是一种葡萄酒原料，以葡萄干加酵母的包装形式出售，生产商往往会在包装上附加这样的"贴心提示"：如果您不小心把这些东西加入到一加仑水中并置于密封罐中，那么要当心，它在二十天后可能会变成葡萄酒！自己酿造也可以加点个性化的东西，造就了后世无数的私酿秘方。

与今天一些企业把药当酒卖不同，美国的禁酒令期间，合法的做法只能是把酒当药卖。禁酒令颁发之时，美国同时认可了一种特殊的管制药品——药用威士忌。只要是取得资格就可以进行销售，但购买者需要凭医生处方购买。于是很快，酒就成了一种万能药水，据说它可以治疗从牙痛到流感，从发烧到脚气等一切疾病。当然，法律是严谨的，不可能让病人无限制地买。法律规定了，每个人每十天只能购买一品脱的药用威士忌。换句大家能理解的人话就是：每十天可以买一斤一两威士忌。

美国政府查禁私酿

正规市场的禁止，也带来黑市的兴起。黑帮组织把私酒生意变得越来越大。最有名的芝加哥黑帮老大艾尔·卡彭，就是在这一时期开始崛起的，据说他每天贩酒所得利润就高达 5000 美元。长达近 14 年的禁酒，让黑帮分子建立起了全国范围的网络，不同地方的黑帮形成了合作共赢的局面，最终催生了美国黑手党的诞生。为了牟利，黑帮还带来了毒品。从此，毒品就成了困扰历届美国政府的顽疾。

禁酒令发展到后期，变得越来越荒唐，原本想要通过禁酒提升国民的健康水平，却有越来越多的人因为喝品质低劣的私酿酒进了医院；本意是为了降低犯罪率，却成了有组织犯罪的诱因；想要控制贪腐，却令更多的官员主动或被动地与黑帮勾结；对政府而言，也失去了税收，还要每年拨付大量资金用于查禁……各种各样的现象使得废止禁酒令变得迫在眉睫。

反对禁酒令的民众游行

1929 年美国经济大萧条,如何活跃经济,让国民吃得起饭,变成了唯一重要的事情。酒可以带来巨大的消费与经济的复苏,终于在 1933 年,罗斯福总统顺应民意,宣布废止禁酒令,第宪法十八条修正案成了美国历史上唯一一个被废除的宪法修正案。

禁酒令解除之后,美国人对酒的消费大增。这一徒劳无功的努力,没有打败酒,却改变了美国的社会形态。如果说古代中国的禁酒可以归因于封建政治的缺陷,美国禁酒失败的例子则说明,即使是在现代国家,酒依然不可替代。

结　语
重回酒文明

　　酒驱动人类的祖先,走出茂密的森林和辽阔的草原,酒为他们提供了特殊的慰藉。

　　此后,人类开始在地球的不同角落筑室而居、发展生产,文明的火种就已经如闪闪繁星散布开来。历经长时期进化,人类社会终于告别了原始与愚昧,在不同的空间范围内,探索并发展形成了具有相当特色的一套价值观、社会准则、生存方式甚至思维模式等。

　　人类的历史就是一部文明的历史。

　　从文明的视角追溯、思考和展望人类的发展历程,最能全面而透彻地把握其内在的真实。这是因为,在整个历史上,文明为人们提供了最广泛而根本的认同。

　　人类的历史是一个多元文明交相闪耀或齐放光芒的进程。

　　既有古代辉煌灿烂的两河文明、古埃及文明、印度文明等,也有溯源于古希腊罗马文明并至今深刻影响全球五百余年的西方文明,更有穿越了数千年历史绵亘不断的东亚文明。

人类几千年的文明史,虽然充满着不同文明的起源和消亡、兴起和衰落、融合或博弈、交流或冲突,但都有着发达的酒文化。酒文化的无障碍交流持续了数万年,搅动了各个文明的发展轨迹,这也是人类文明发展史的基本生态。

地球是平的,今天的人类比任何时候沟通和联系都要密切。

自 15 世纪勃兴的地理大发现、启蒙运动和工业革命,彻底打破了不同文明的独立发展。我们的生活更世俗化,更工具化和制度化。长期偏居地球一隅的西欧文明,开始对外扩张、征服和殖民,一步步走向全球,不仅将不同文明全部联系起来,而且对所有其他文明都产生了重大影响。这也导致了西欧文明及以其为主体的欧美文明产生了认知的变化,不仅认为西欧文明领先于其他文明,自身在文化文艺、科学技术、社会制度、意识形态、发展模式等方面达到了人类文明的巅峰,只存在一个单一的标准来判断文明。

这种单一文明的观点给世界文明和人类历史造成了极为惨痛的伤害,放纵了人性中的偏狭自私,埋植了杀戮仇恨的恶之源,长达四百余年的殖民战争、两次世界大战的爆发、难以根绝的种族歧视等等,毋庸置疑都与单一文明观造成的消极而深重的影响有密切关联。

全球化时代,没有人能关起门做生意。

各个国家的经济活动密切联系,涌现出许多掌握行业话语权的跨国公司。今天的我们足不出户, 就能享受到来自全世界的商

品。即使是最为古老的商品——酒,也面临着蜕变。

以中国为例,帝亚吉欧、高盛纷纷投资中国白酒,中国的白酒如茅台、五粮液、古井贡酒、汾酒等也在国外开展了一系列营销活动。据阿里巴巴发布的《全球酒水消费报告》称,酒的全球化和年轻化已经成为共识,消费者"全球买"的愿望,在酒水领域已经出现。

当今世界面临着百年未有之大变局。

只能活在当下,我们都属于一个没有时间维度的想象共同体。虽然物质生活极大丰富,但人们的幸福感似乎没有提升太多。虽然科技高度发达,但经济不平等越来越大。虽然一些学者长期呼吁,但单边主义、霸权主义、恐怖主义、环保危机等问题依然严峻。没有过去,也不知将来的当代人充满焦虑和不安。

面向未来,人工智能、大数据、量子通信、区块链等新一轮科技革命和产业变革正在积聚力量,将进一步推动全球化深入发展。这是历史规律,也是时代潮流,不可能以人的意志为转移。

在这样的时代压力下,我们应该怎样实现解脱? 我们应该怎样消除长期盛行的"弱肉强食"的丛林法则和"你输我赢"的零和博弈思维? 我们应该树立什么样的文明观?

我想,解决问题的方法很多,有一种方法一定有用,那就是美酒。美酒无国界、文化无国界。这个世界上没有比酒是更好的沟通工具了,肤色可能不同,语言可能不通,风俗可能迥异,但当彼此端起酒杯,都会回以友谊的微笑。美酒也是世界人民交流的通行证,更是加深民族与国家友谊的催化剂与桥梁。酒文化贯穿了人类社会文明史的全过程,我们因酒成为人类,我们以酒创造文明。

自古以来,古今中外,酒桌都是沟通问题、解决争端和达成共识的有效平台。正是有了饮酒的生活场景,才能实现弱者与强者的互动和沟通。互惠互利、开放包容、合作共赢,这就是传承至今的美酒精神。

人类的历史已经证明,酒是唯一无法被替代的产品,只要有对美好生活的追求,就会有酒。

美酒精神万古长青!

参考文献

一、文献

1.《尚书》

2.《左传》

3.《诗经》

4.《国语》

5.《老子》

6.《庄子》

7.《论语》

8.《韩非子》

9.《战国策》

10.《黄帝内经》

11.《史记》

12.《淮南子》

13.《说文解字》

14.《汉书》

15.《三国志》

16.《齐民要术》

17.《晋书》

18.《旧唐书》

19.《玉海》

20.《曹操集》

21.《册府元龟》

22.《文献通考》

23.《续文献通考》

24.《洛阳伽蓝记》

25.《东京梦华录》

26.《酒经》

27.《朝野佥载》

28.《本草纲目》

29.《古今图书集成》

30.《全唐诗》

31.《全三国文》

32.《全宋文》

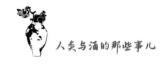

二、研究专著

1. [美]赫德里克·史密斯:《俄国人》,上海人民出版社 1977 年版。

2. 汪小兰:《有机化学》,高等教育出版社 1987 年版。

3. 蔡俊生:《人类社会的形成和原始社会形态》,中国社会科学出版社 1988 年版。

4. 宋镇豪:《夏商社会生活史》,中国社会科学出版社 1994 年版。

5. 张浩:《思维发生学:从动物思维到人的思维》,中国社会科学出版社 1994 年版。

6. 陈守良:《人类生物学》,北京大学出版社 2001 年版。

7. 吴汝康:《人类的诞生与进化》清华大学出版社 2002 版。

8. 李志刚:《药酒养生与酒文化》,人民卫生出版社 2002 版。

9. [英]李约瑟:《中国科学技术史》,科学出版社 2003 年版。

10. [美]尤金·N.安德森:《中国食物》,江苏人民出版社 2003 年版。

11. [美]伊利亚德:《宗教思想史》,上海社会科学院出版社 2004 版。

12. 王守国,卫绍生:《酒文化与艺术精神》,河南大学出版社 2006 版。

13. [美]威廉·曼彻斯特:《光荣与梦想》,海南出版社 2006 年版。

14. [美]查尔斯·A.科伦比:《朗姆酒的传奇之旅》,新星出版社 2006 年版。

15. [美]维克多·特纳:《仪式过程》,中国人民大学出版社 2006 版。

16. 游修龄:《中国农业通史:原始社会卷》,中国农业出版社2007版。

17. 王铭铭:《20世纪西方人类学主要著作指南》,世界图书出版公司2008年版。

18.[英]达尔文:《人类的由来及性选择》,北京大学出版社2009年版。

19.[英]李德·哈特:《第二次世界大战战史》,上海人民出版社2009年版。

20.[俄]罗伊·梅德韦杰夫:《斯大林周围的人》,东方出版社2009年版。

21.[英]G.埃利奥特·史密斯:《人类史》,中国社会科学出版社2009年版。

22.[英]德斯蒙德·莫利斯:《裸猿》,复旦大学出版社2010年版。

23.[英]德斯蒙德·莫利斯:《亲密行为》,复旦大学出版社2010年版。

24.[英]德斯蒙德·莫利斯:《人类动物园》,复旦大学出版社2010年版。

25.[美]阿诺尔德·范热内普:《过渡礼仪》,商务印书馆2010版。

26. 王赛时:《中国酒史》,山东大学出版社2010年版。

27. 王铭铭编:《人类学讲义稿》,世界图书出版公司2011年版。

28.[德]弗里德里希·尼采:《悲剧的诞生》,商务印书馆2011年版。

29. [美]斯塔夫里阿诺斯:《全球通史》,北京大学出版社2012年版。

30. [古希腊]柏拉图:《会饮篇》,商务印书馆2013年版。

31. 蒋雁峰编:《中国酒文化》,中南大学出版社2013年版。

32. [英]弗雷泽:《金枝:巫术与宗教之研究》,商务印书馆2013版。

33. [美]斯宾塞·韦尔斯:《潘多拉的种子:人类文明进步的代价》,广西师范大学出版社2013版。

34. 邓玉梅编:《千年酒文化》,清华大学出版社2013版。

35. [加拿大]布鲁斯·G.崔格尔:《理解早期文明比较研究》,北京大学出版社2014年版。

36. [美]弗朗西斯·福山:《政治秩序的起源:从前人类到法国大革命》,广西师范出版社2015版。

37. [美]贾雷德·戴蒙德:《枪炮、病菌与钢铁——人类社会的命运》,上海译文出版社2016年版。

38. [美]贾雷德·戴蒙德,[美]丽贝卡·斯黛芙奥夫改写:《第三种黑猩猩——人类的身世与未来》,中信出版集团2016年版。

39. [美]理查德·道金斯:《生命自然选择的秘密》,中信出版集团2016年版。

40. [美]柯林·伍达德:《海盗共和国——骷髅旗飘扬、民主之火燃起的海盗黄金年代》,社会科学文献出版社2016年版。

41. 梁金辉:《亳州商业文明探源》,合肥工业大学出版社2016年版。

42. ［美］丹尼尔·利伯曼：《人体的故事——进化、健康与疾病》，浙江人民出版社 2017 年版。

43. 马克强：《酒文化意趣》，中国轻工业出版社 2017 年版。

44. ［美］格雷戈里·柯克伦，［美］亨利·哈本丁：《一万年的爆发——文明如何加速人类进化》，中信出版集团 2017 年版。

45. 贡华南：《味觉思想》，生活·读书·新知三联书店 2018 年版。

46. ［美］皮特·S.昂加尔：《进化的咬痕——牙齿、饮食与人类起源的故事》，新世界出版社 2019 年版。

47. ［加拿大］罗德·菲利普斯：《酒：一部文化史》，格致出版社 2019 年版。

48. ［美］斯文·贝克特：《棉花帝国》，民主与建设出版社 2019 年版。

49. ［美］马歇尔·萨林斯：《石器时代经济学》，生活·读书·新知三联书店 2019 年版。

50. ［英］马克·福赛思：《醉酒简史》，中信出版集团 2019 年版。

三、网络资源

1. 读秀学术资源网

2. 维普学术资源网

3. 中国知网

4. 国家图书馆网络资源

后　记

《动物庄园》不仅是一部杰出的小说，也是一部酒的寓言。

在乔治·奥威尔的这本书中，动物们发动了革命，因为农场主琼斯先生是一个酒鬼。在故事结尾的时候，动物们通过窗户看到领头的猪在喝酒，它们意识到了一点，这个动物已经变成了人。在西非也有一个类似的故事，上帝教会祖先种植和酿酒。当他们学会后，身上的毛发和尾巴都脱落了，变成了人类。

酒带动了人类的进化，推动了人类的文明，这个话题最早萌发于我的工作经历。1989 年，我进入白酒行业工作，便热心于对酒文化进行研究。从业三十多年，阅读了大量关于酒的资料，我深刻地认同和体会到一点，酒就是文化，酒就是文明。

酒是文化的载体，文化需要尊重，酒是文明的体现，文明需要传承。酒的意义奥妙无穷，酒的故事丰富多彩，然而却没有充分为公众所知。树立酒的文化自信，讲好酒故事，这是我的夙愿。

我的家乡亳州是华夏文明的发源地之一。

亳州的"亳"字非常独特,它是最早的甲骨文汉字之一,也是仅用于地名的汉字之一。2015 年,我开始研究亳州商业文明起源,从商业文化的角度来研究亳州文化。随着研究和思考的深入,我开始了对亳州文化的深刻思考,我越来越发现"亳"字的深邃、奥妙与伟大,可以说是千古一字!

亳与毫一笔之差,在甲骨文中亳有着都城、宗庙、祭祀等丰富的寓意,可谓拔一毛而宅天下。从更深层次来说,亳字寓意着去毛成人,寓意着人类与文明的起源。

每个新观点刚诞生的时候,都会带来争议。

我的乡贤老子是中国哲学史上有明确记载的第一位哲学家,他第一次以有、无、道等范畴回答了宇宙万物及人类的起源问题。"道"既包括有物质原料之意,也指进化过程所遵循的规律及动力,摆脱了传统宗教的神秘观。

老子的观点在当时是异说。

酒使人类去毛成人,一些人听说了后,也会觉得我信口开河。

但我没有放弃,依然潜心搜集相关资料。这几年来,我翻阅了一些作品,看到越来越多的有利证据。特别是英国作家马克·福赛思写的《醉酒简史》,他也提出了与我类似的观点。来自亚欧大陆另一头的共鸣激励了我,为什么不能搜集一下人类与酒的各种故事,将之分享给公众呢?

本书不是一本严肃的学术论文。叙事风格力求通俗,目的只有

一个,就是给大家讲好酒的故事。如果读者能从本书得到快乐,读完之后愿意饮上一杯,那将是我的荣幸。

由于个人视野和研究水平的限制,疏漏和错误在所难免,祈请读者赐教指正。

古 今

2020 年 2 月 20 日 2 点于安徽亳州